普通高等教育计算机类课改系列教材

Photoshop 图像处理

主 编 肖 清

副主编 赵征鹏 钱文华

西安电子科技大学出版社

内 容 简 介

本书通过大量示例，介绍了 Photoshop 的主要功能、使用方法与技巧。全书共 13 章。第 1章和第 2 章是 Photoshop 的快速入门，主要介绍平面设计的基本概念和基础知识，以及 Photoshop的基本操作等内容；其余每章都以一个技术要点为核心来组织和阐述 Photoshop 的相关工具和操作，并通过示例的演示来强化 Photoshop 的综合使用方法。

本书是通识教育课程教材，主要的定位读者为 Photoshop 初学者。但由于编写风格是"以Photoshop 的技术核心为纲，以示例步步推进"，所以本书也适合图像处理的初级和中级用户以及平面设计人员使用。

本书适用于所有本科相关专业，也是为有兴趣使用 Photoshop 处理图像的读者编写的入门与提高教程。

图书在版编目(CIP)数据

Photoshop 图像处理/主编肖清. —西安：西安电子科技大学出版社，2020.8(2021.7 重印)
ISBN 978-7-5606-5826-1

Ⅰ.①P… Ⅱ.①肖… Ⅲ.①图像处理软件 Ⅳ.①TP391.413

中国版本图书馆 CIP 数据核字(2020)第 143220 号

策划编辑 毛红兵
责任编辑 刘百川 马晓娟
出版发行 西安电子科技大学出版社(西安市太白南路 2 号)
电 话 (029)88202421 88201467 邮 编 710071
网 址 www.xduph.com 电子邮箱 xdupfxb001@163.com
经 销 新华书店
印刷单位 咸阳华盛印务有限责任公司
版 次 2020 年 8 月第 1 版 2021 年 7 月第 3 次印刷
开 本 787 毫米×1092 毫米 1/16 印 张 12.5
字 数 291 千字
印 数 1301～4300 册
定 价 33.00 元

ISBN 978-7-5606-5826-1/TP

XDUP 6128001-3
如有印装问题可调换

前　言

  Photoshop 是 Adobe 公司推出的一款专业的图像处理软件。随着数字媒体技术的飞速发展，Photoshop 也被越来越广泛地应用于各个领域，受到越来越多的非专业人士青睐，这也导致越来越多的高校开设了与 Photoshop 相关的各种图像处理通识教育课程。

  本书的编写基础是编者多年来不断修整的通识教育选修课讲义，在内容组织和案例选取上兼顾了不同层次读者的需求，既介绍了 Photoshop 软件的基本操作，又介绍了提升技能的应用；既能满足用户短期内快速入门的要求，又能满足用户循序渐进逐步熟悉操作、提升技能的需要。

  本书内容丰富、完整，示例目的鲜明且相对集中。全书分为三个部分，共 13 章，每个章节都有明确的学习目标。第一个部分(第 1 章和第 2 章)是快速入门，用于辅助读者快速了解 Photoshop 图像处理软件；第二个部分(第 3 章至第 12 章)是核心概念及核心功能讲解，便于读者理解和掌握知识点和相应操作，以期能知其然，且知其所以然；最后一个部分(第 13 章)是注重知识融会贯通、与操作自然衔接的综合案例，使读者能灵活运用所学知识制作出美观实用的平面设计作品。本书的层次递进关系明显，便于读者根据自身情况按阶段进行内容的选择与学习。

  第 1 章　预备知识，简单介绍了 Photoshop 的工作环境和相关术语。

  第 2 章　基本操作，为快速使用 Photoshop 提供了一个基本操作集。

  第 3 章　创建和修改选区，介绍了在 Photoshop 中如何使用选区工具和选择菜单来创建各式各样的选区，并实现对已获得的选区进行按需编辑。

  第 4 章　绘图工具，介绍了 Photoshop 中用于创建各类像素群的基本绘图工具，以及对已有像素群进行调整和修饰的各类修饰工具。

  第 5 章　编辑菜单，介绍了在 Photoshop 中如何完成对选定像素群的复制、粘贴、变换等编辑操作，同时还介绍了如何利用编辑菜单中的"首选项"命令完成对 Photoshop 环境的设置与更改。

  第 6 章　图像菜单，介绍了 Photoshop 支持的不同颜色模式及其相互关系，罗列了各类图像调整方法及其特性，讨论了图像大小与图像分辨率、图像尺寸之间的关系。

  第 7 章　文字工具，介绍了如何在 Photoshop 中创建和编辑文字，获取各类文字选区或形状。

  第 8 章　路径与形状，介绍了在 Photoshop 中如何创建、编辑和使用矢量图形。

  第 9 章　图层，介绍了 Photoshop 中图层的种类、创建、删除、显隐等一系列编辑操作以及图层的使用。

  第 10 章　蒙版，介绍了 Photoshop 支持的各类蒙版的创建、编辑和使用，从蒙版的本质解释使用蒙版的注意事项。

第 11 章　通道，介绍了 Photoshop 中通道的功能和使用。

第 12 章　滤镜，介绍了 Photoshop 中内置滤镜和外挂滤镜的特点及应用。

第 13 章　综合案例，通过三个设计案例的介绍，帮助读者掌握解决实际问题的方法。

本书的每一章中均设置有相应的课堂示例及练习环节，既有利于读者模仿学习，又便于教师在不同教学环节中根据所引入的知识点来使用相应的例子。

本书建议安排网络教室授课，课时在 34～36 个学时。

本书配套电子资源包括以下内容：

(1) 教学大纲。

(2) 各个章节的 PPT 课件。

(3) 各个章节使用的插图、素材图以及示例的最终效果图。

(4) 各个章节中课堂示例相关的教学视频。

以上配套电子资源均可在西安电子科技大学出版社官网(http://www.xduph.com)下载。

在编写本书的过程中，编者尽量遵循"通俗易懂、难易结合、实用为主、通用性强"的写作初衷，希望读者通过对本书的学习，能扎实掌握基础，灵活运用工具，学以致用设计出自己满意的作品。

由于编者水平有限，不足之处在所难免，敬请读者批评指正。

编　者

2020 年 5 月

目　录

第1章　预备知识 1
　1.1　Photoshop 概述 1
　　1.1.1　Photoshop 的发展历史 1
　　1.1.2　Photoshop CS5 的新功能 3
　　1.1.3　Photoshop 的作用 3
　　1.1.4　Photoshop 的工作环境及设置 ...6
　1.2　基本概念 7
　　1.2.1　像素与分辨率 7
　　1.2.2　位图与矢量图 8
　　1.2.3　颜色模式与位深 8
　　1.2.4　图像文件大小与图像尺寸 10
　　1.2.5　色域和溢色 11
　　1.2.6　色相、饱和度、亮度、色调 11
　1.3　课堂示例及练习 11
第2章　基本操作 13
　2.1　文件的基本操作 13
　　2.1.1　文件的新建 13
　　2.1.2　文件的打开 14
　　2.1.3　文件的存储 14
　　2.1.4　文件的关闭 17
　2.2　图像窗口的基本操作 18
　　2.2.1　窗口的停靠与分离 18
　　2.2.2　窗口显示 18
　　2.2.3　多窗口显示 18
　2.3　颜色获取 19
　　2.3.1　拾色器 19
　　2.3.2　吸管工具和颜色取样器 20
　　2.3.3　颜色面板与色板面板 20
　2.4　图像的基本操作 21
　　2.4.1　画布调整 21
　　2.4.2　图像调整 22
　2.5　历史记录面板的使用 23
　　2.5.1　历史记录面板的显隐 23

　　2.5.2　设置面板中历史记录数 24
　　2.5.3　设置撤销与恢复 24
　　2.5.4　历史快照 24
　2.6　辅助工具的使用 25
　　2.6.1　缩放工具 25
　　2.6.2　手抓工具 26
　　2.6.3　注释工具 26
　　2.6.4　移动工具 26
　　2.6.5　定位工具 27
　　2.6.6　裁剪工具 27
　2.7　课堂示例及练习 28
第3章　创建和修改选区 31
　3.1　选区工具 31
　　3.1.1　规则选区工具 31
　　3.1.2　套索工具 32
　　3.1.3　快速选择工具 33
　3.2　选择菜单 33
　　3.2.1　选区的基本编辑命令 33
　　3.2.2　色彩范围 34
　　3.2.3　修改和编辑选区 34
　　3.2.4　变换选区 36
　　3.2.5　存储与载入选区 36
　3.3　快速蒙版 37
　　3.3.1　快速蒙版简介 37
　　3.3.2　设置快速蒙版 38
　　3.3.3　编辑快速蒙版 38
　　3.3.4　存储快速蒙版 39
　3.4　课堂示例及练习 39
第4章　绘图工具 41
　4.1　基本绘图工具 41
　　4.1.1　画笔工具组 41
　　4.1.2　填充工具组 47
　　4.1.3　橡皮擦工具组 48

4.2　修饰工具 49
　4.2.1　历史记录画笔工具组 49
　4.2.2　图章工具组 50
　4.2.3　修复工具组 51
　4.2.4　模糊工具组 53
　4.2.5　减淡工具组 53
4.3　课堂示例及练习 54

第5章　编辑菜单 58

5.1　基本编辑命令 58
　5.1.1　还原 58
　5.1.2　剪切与清除 58
　5.1.3　拷贝与合并拷贝 58
　5.1.4　粘贴与选择性粘贴 58
5.2　常用编辑命令 59
　5.2.1　填充 59
　5.2.2　描边 59
　5.2.3　渐隐 59
5.3　图像变换命令 59
　5.3.1　变换菜单 59
　5.3.2　自由变换 60
　5.3.3　内容识别比例 60
　5.3.4　操控变形 60
5.4　系统设置命令 61
　5.4.1　键盘快捷键 61
　5.4.2　菜单 62
　5.4.3　首选项 62
5.5　课堂示例及练习 65

第6章　图像菜单 67

6.1　模式子菜单 67
　6.1.1　颜色模式 67
　6.1.2　位深 69
　6.1.3　颜色表 69
6.2　图像调整命令 70
　6.2.1　快速调整命令 70
　6.2.2　调整子菜单命令 70
6.3　图像信息修改 76
　6.3.1　图像与画布调整 76
　6.3.2　裁剪与裁切 76
6.4　图像高级应用 77

　6.4.1　应用图像 77
　6.4.2　计算 78
6.5　课堂示例及练习 78

第7章　文字工具 80

7.1　安装和使用字体 80
7.2　文字工具组 81
　7.2.1　文字工具 81
　7.2.2　文字蒙版工具 82
　7.2.3　点文字与段落文字 82
　7.2.4　文本编辑 82
7.3　课堂示例及练习 84

第8章　路径与形状 87

8.1　路径简介 87
　8.1.1　路径与矢量图 87
　8.1.2　路径的基本概念 87
8.2　路径工具 88
　8.2.1　钢笔工具组 88
　8.2.2　形状工具组 91
　8.2.3　路径选择工具组 95
8.3　路径面板 99
　8.3.1　工作路径 100
　8.3.2　新建与存储路径 100
　8.3.3　复制路径 100
　8.3.4　删除路径 100
　8.3.5　路径与选区 100
　8.3.6　路径描边和填充 101
8.4　课堂示例及练习 102

第9章　图层 105

9.1　图层简介 105
　9.1.1　图层类型 106
　9.1.2　图层转换 107
9.2　图层基本操作 107
　9.2.1　图层面板 107
　9.2.2　图层的创建 110
　9.2.3　图层基本操作 112
　9.2.4　链接图层与图层组 114
　9.2.5　图层样式 116
9.3　课堂示例及练习 125

第10章　蒙版 128

10.1 位图蒙版 128

   10.1.1 快速蒙版 128

   10.1.2 图层蒙版 129

   10.1.3 剪贴蒙版 131

10.2 矢量蒙版 132

10.3 课堂示例及练习 133

第 11 章 通道 135

11.1 通道类型 135

   11.1.1 颜色通道 135

   11.1.2 专色通道 137

   11.1.3 Alpha 通道 137

   11.1.4 临时通道 138

11.2 通道基本操作 138

   11.2.1 通道面板 138

   11.2.2 通道的创建、复制与删除 139

   11.2.3 通道的分离与合并 140

11.3 通道与选区 141

   11.3.1 通道与选区的关系 141

   11.3.2 从通道获得特殊选区 141

11.4 课堂示例及练习 143

第 12 章 滤镜 145

12.1 滤镜入门 145

   12.1.1 滤镜使用规则 145

   12.1.2 滤镜常规操作 145

   12.1.3 滤镜分类 146

12.2 内置滤镜 146

   12.2.1 校正性滤镜 146

   12.2.2 破坏性滤镜 153

   12.2.3 特殊滤镜 170

12.3 外挂滤镜 175

   12.3.1 导入外挂滤镜 175

   12.3.2 Alien Skin Xenofex 外挂滤镜 176

12.4 课堂示例及练习 177

第 13 章 综合案例 184

13.1 个人名片设计 184

13.2 文化衫图案设计 185

13.3 科技节海报设计 187

参考文献 191

第1章 预备知识

1.1 Photoshop 概述

随着计算机的迅速普及，图像处理、图形绘制等典型的平面设计工作对计算机的依赖越来越大，平面设计软件的应用也日渐广泛，如耳熟能详的美国 Adobe 公司的系列产品——Photoshop、Illustrator、PageMaker、Freehand 等。

Photoshop 作为 Adobe 公司推出的应用于 Windows 平台或 Macintosh 平台上的功能强大、使用者众多的专业平面图像处理和编辑软件，提供了很好的色彩调整、图像修饰以及图像特效制作等功能。虽然其文字排版功能不强，也不能进行多页编辑，但它的图像处理能力和效果无与伦比。Photoshop 在处理大尺寸高精度图像时对其运行系统要求较高。通常将其与 Illustrator 合用以完美实现平面设计中不同的需求。

CorelDRAW 是专业级平面设计软件，主要用于矢量图形的绘制，并拥有自由的多页面版面编排功能，在用于印刷等平面设计工作中发挥着巨大的作用。其在升级更新中不断添置位图编辑功能，目前已经成为以矢量图制作为主，兼有位图编辑功能的强大绘图软件。

Illustrator 是一款矢量绘图软件。它以矢量图制作为主，兼有位图编辑功能，与 Photoshop 的组合是所有平面设计软件中兼容性最好的，它们之间转换和输入输出文件最方便也最可靠。

PageMaker 是排版界的高手，在自动页面设定、样板页面设定、文字段落设定和文字绕图等功能上都独树一帜，但它营造的是一个专一的版面编排环境，完全没有图像处理和图形绘制的功能，对其他平面设计软件的依赖性尤其突出。

Freehand 主要用于图形图像的勾画，并有版面编排功能，能直接置入 Photoshop 的图像，可多页面编辑，是一个支持效果制作的矢量图形编辑器。但它的各项功能均有不足，所以在应用中受到很大限制。

1.1.1 Photoshop 的发展历史

1987 年，一名美国大学的博士究生托马斯·诺尔(Thomes Knoll)自行开发了一个程序 Display，用于在苹果机上显示灰度图。他在电影特效公司工作的兄弟约翰·诺尔对这个程序的功能很感兴趣，当时约翰正在试图利用计算机创造电影特效，他让托马斯帮忙使用 Display 处理数字图像，这正是 Display 的一个重要转型的起点。两兄弟花了一年多的时间对 Display 进行了不断的修改和完善，使其成为功能更为强大的一个图像编辑程序，并在一个展会上将其正式改名为 Photoshop。此后，约翰又编写了一些用于补充和加强图像处理效果的程序，这就是后来插件(Plug-in)的雏形。

1988 年，Adobe 公司买下了 Photoshop 的发行权。

1990 年 2 月，Photoshop 1.0 正式发行，这个版本只有一个 800KB 的软盘(Mac)，仅具有"工具面板"和少量的滤镜。

1991 年，Photoshop 2.0 发布，Adobe 公司成为行业标准，2.0 版本增加了"路径"功能，把内存分配从以前的 2MB 扩展到 4 MB，同时支持 Illustrator 文件格式。

1992 年，Photoshop 2.5 发布，2.5 版本增加了"蒙版"概念，同时这是第一个 MS Windows 版本，至此 Photoshop 才可以在 Windows 系统上运行，成为面向普通大众，而非为平面设计师专用的图像处理软件。

1994 年，Photoshop 3.0 发布，增加了现在也极其重要的"图层"概念。

1996 年，Photoshop 4.0 发布，增加了动作功能、图层调整、标明版权的图像水印等内容。同年 Adobe 买断了 Photoshop 的所有权，实现了对 Photoshop 的收购。

1998 年，Photoshop 5.0 发布，增加了历史记录面板、图层样式、操作撤销功能、垂直书写文字、魔术套索工具等一系列功能。同年，Adobe 公司首次向中国用户提供了 Photoshop 5.0.2 中文版本，让中国用户体验到了 Photoshop 强大的图像处理功能。

1999 年，Photoshop 5.5 捆绑 Image Ready 2.0 进行发布，此后的 Photoshop 均为捆绑了 ImageReady 的套装软件，即安装 Photoshop 软件都将自动安装 ImageReady。

2000 年，Photoshop 6.0 发布，增加了 Web-safe 色彩面板、形状工具、矢量绘图工具，并扩展了 Web 工具包，增强了图层管理功能。

2002 年，Photoshop 7.0 版本发布，在功能上增加了"Healing Brush"修复画笔工具。

2003 年，Photoshop CS(8.0)发布，此后 Photoshop 更改了版本命名方式，以 Photoshop CS 作为产品名称，其全称是 Photoshop Creative Suit，成为 Adobe 公司系列软件产品之一。这个系列软件包括电子文档制作软件 Acrobat、矢量动画处理软件 Flash、网页制作软件 Dreamweaver、矢量图形绘图软件 Illustrator、图像处理软件 Photoshop 和排版软件 InDesign 等产品。Photoshop CS 也是 Photoshop 系列中第一个需要注册产品的版本。

2005 年，Adobe Photoshop CS2 发布，增加了对 HDR 图像的支持，以及红眼工具、污点修复画笔工具、智能锐化和消失点工具等多种工具，并且还能支持相机 RAW 3.x 插件的使用。

2007 年，Adobe Photoshop CS3 发布，新增了快速选择工具和亮度/对比度菜单项，改进了消失点工具。

2008 年，Adobe Photoshop CS4 发布，相比于之前的版本，这个版本拥有一百多项创新，包括提供有限的图像编辑和在线存储功能，同时增加了蒙版控制面板。

2009 年，Adobe 为 Photoshop 发布了 iPhone(手机上网)版，从此 Photoshop 登陆了手机平台。

2010 年，Adobe Photoshop CS5 发布，增加了内容感知填充功能、操控变形命令和 3D 工具。针对不同使用者，Photoshop CS5 推出了两个不同版本，一个是针对摄影师以及印刷设计人员的 Adobe Photoshop CS5，另一个是针对视频编辑专业人士、跨媒体设计人员、Web 设计人员、交互式设计人员的 Adobe Photoshop CS5 Extended。本书将使用 Photoshop CS5 Extended 作为演示环境进行知识点和示例的描述。

2012 年，Adobe Photoshop CS6 发布。在改进一些系统原有的工具和命令的基础上，增强了其视频编辑和 3D 处理能力。对 Photoshop 用户来说，Adobe Photoshop CS6 是提供永久许可证的最后一个版本。

2013 年，Photoshop Creative Cloud 发布，此后的所有 Photoshop 版本都将以 Creative Cloud 为基础，由 Adobe 公司对其用户提供软件更新。

1.1.2 Photoshop CS5 的新功能

相较于过去的 Photoshop CS4 版本，Photoshop CS5 增加了一些新的功能。

1．自动镜头更正

Adobe 从照相机机身和镜头的构造上着手，实现了自动镜头更正，主要包括减轻枕形失真(pincushion distortion)，修饰曝光不足的黑色部分以及修复色彩失焦(chromatic aberration)。同时这一调节也支持手动操作，用户可以根据自己的需要进行修复设置，并且从中找到最佳的配置方案。自动镜头更正其实就是记录了照相机照相时很多有效的数据色彩信息，然后通过软件还原照相时的场景并给予补偿和修复。

2．支持 HDR(High Dynamic Range，高动态范围)调节

借助 HDR 可以自动消除叠影以及对色调映射和调整进行更好的控制，甚至可以令单次曝光的照片获得 HDR 的外观，进而渲染出更加真实的 3D 场景。

3．内容感知的填充

增加了对删除的任何图像细节或对象，使用内容感知对删除处进行填充的功能。这一技术与光照、色调及噪声相结合，使得被删除的内容看上去似乎本来就不存在。

4．全新的绘图笔刷效果

全新的绘图笔刷效果是借助混色器画笔和毛刷笔尖，以画笔和染料的物理特性为依托，使用新增的多个可控参数，模拟出毛笔、钢笔等绘图的真实感，包括墨水流量、笔刷形状以及混合效果等，将图像轻松转换为绘图或为其创建独特的艺术效果。

5．调整边缘

全新的选择工具"调整边缘"的抠图效果相当强大，优化细致到毛发级别。

6．操控变形

操控变形的新功能可以对任何图像元素重新进行精确的定位，创建出视觉上更具吸引力的照片。操控变形首先在图像上建立网格，然后用"大头针"固定特定的位置，即建立关节点，通过拖曳其他位置即可实现在不改变图像的光影和纹理的情况下自由操控画面。

7．增强 RAW 文件处理

RAW 文件是 Adobe 公司推行的一种摄像源文件，无压缩，数据量大。Photoshop 一直致力于 RAW 文件的优化处理。Photoshop CS5 中使用 Adobe Photoshop Camera Raw 6 增效工具无损消除图像噪声，同时保留颜色和细节；增加粒状，使数字照片看上去更自然，执行裁剪后暗角时控制度更高。

1.1.3 Photoshop 的作用

1．无中生有

Photoshop 提供了大量各式各样的绘图工具来实现图形和图像的制作,如图 1-1 和图 1-2

所示。

图片 1-1

图 1-1　绘制信笺

图片 1-2

图 1-2　绘制玉镯

2．我有素材我做主

可以使用 Photoshop 实现对数字图像素材的编辑，如图像修复，如图 1-3 所示；图像调整，如图 1-4 所示；图像变换，如图 1-5 所示；图像融合，如图 1-6 所示。

图片 1-3

图 1-3　图像修复与着色

图片 1-4

图 1-4　图像调整

图片 1-5

图 1-5　图像变换

素材1.jpg

素材2.jpg　素材

素材3.jpg

换背景效果

图片 1-6

图 1-6　图像融合

　　Photoshop 能做的事情很多，但它仍然是有局限的——它只是一款图像处理软件，只能处理位图，对矢量图就力不从心了。能编辑矢量图的软件称为绘图程序，如前面提到的 Adobe 公司的另一个软件产品 Illustrator。

1.1.4　Photoshop 的工作环境及设置

Photoshop 的工作界面一般包括六个组成部分：菜单栏、工具箱、工具属性栏、面板、工作区与图像窗口、状态栏。Photoshop CS5 的工作界面，如图 1-7 所示。

图片 1-7

图 1-7　Photoshop CS5 工作界面

1．菜单栏

菜单栏中的菜单命令几乎涵盖了 Photoshop 软件的所有功能，并把它们按主题分类组合在一起便于查看和使用。操作菜单有两种方式：① 使用鼠标直接点击菜单项；② 使用键盘快捷键，通常是以 Alt+菜单快捷字母选定相应的功能。但是有一些因素也会影响菜单的使用，如色彩模式、图层类别、矢量、透明、层锁定等。

2．工具箱

工具箱把系统中所有的工具按类别集中在一起便于使用。此外，工具箱还包括了前景色/背景色控制色板、标准选区模式/蒙版显示模式等非工具的快捷按钮。使用 Shift + 快捷键可以快速切换工具。使用"窗口"菜单中的"工具"可以实现工具箱的显隐。

3．工具属性栏

工具属性栏与所选工具一一对应，在工具属性栏中可对选中的工具进行属性及参数的设置，以灵活控制工具效果。

4．面板

面板是针对图像属性提供快捷处理的操作集。如图层面板就是针对图像所使用的"纸张"进行各种操作。单击"窗口"菜单中的某个面板，可以实现对应面板的显隐，也可用快捷键 Shift+Tab 来实现全部面板的显隐切换。此外，面板组合还可通过拖曳相应的模块进行定制。

5．工作区与图像窗口

工作区是 Photoshop 提供的显示图像窗口的一块灰色区域。

图像窗口用于编辑图像。任何一个打开的图像文件，都会被放置在一个独立打开的图像窗口中进行编辑。该窗口的标题栏将罗列出图像的部分基本信息，如图像名称、图像显示比例、图像色彩模式等。

如有多个图像窗口同时打开，可使用"窗口"菜单中的"排列"命令来组织排列它们。也可使用快捷键 Ctrl+Tab 实现顺序切换窗口，或快捷键 Shift+Tab 逆序切换窗口。

6．状态栏

状态栏用于显示与图像相关的多种信息。从左到右依次是：图像显示比例、预视显示栏、预视清单。

在状态栏最左边"图像显示比例"的百分比数值框中输入数值，按 Enter 键可以改变图像的显示比例。打开"预视清单"可根据需要设置预视显示栏中显示的图像信息。如文档大小(Document Sizes)可显示图像文件的存储空间大小；文档尺寸(Document Dimensions)则显示当前图像的实际尺寸；暂存盘大小(Scratch Sizes)显示现在使用内存与可使用内存的情况(这里的使用内存包含所有打开的图像)，若前者大于后者，表示内存不够使用，系统的运行速度变慢；效率(Efficiency)则显示处理图像时使用的存取内存时间与使用硬盘上的虚拟内存时间的比值，若比值越来越小，则应该多配置一些内存给 Photoshop，否则会影响系统响应速度。

1.2 基 本 概 念

1.2.1 像素与分辨率

1．像素

像素是构成图像的基本单位。位图是由排列整齐的网格组成的，一个网格就是一个像素，每个像素都有特定的位置和颜色值。

2．分辨率

分辨率分为以下三种。

1) 图像分辨率

图像分辨率是指图像中每单位长度所包含的像素数目，一般以像素/英寸(pixel per inch, ppi)度量。由于位图是由一连串整齐排列的像素组合而成，因此位图的质量就与单位面积内所包含的像素数目密切相关。高分辨率的图像比相同尺寸的低分辨率的图像包含的像素多；尺寸相同的两幅图像，像素点越小越密集的质量越好。分辨率越高，图像越清晰，反之则容易在图像中产生锯齿边缘或色调不连续等现象，使图像显得模糊。

通常，用于屏显的图像分辨率为 72 ppi～96 ppi；用于报纸印刷的图像分辨率为 120 ppi～150 ppi；用于普通打印的图像分辨率为 150 ppi；用于彩版印刷的图像分辨率为 300 ppi；用于大型灯箱或墙面广告的图像分辨率在 30ppi 左右。这些图像分辨率是指在一般情况下所使用的图像分辨率，若碰到具体问题还是要根据实际情况具体分析。

2) 屏幕/显示分辨率

屏幕分辨率是指显示器中每单位长度内显示的像素数目，一般以点/英寸(dot per inch，dpi)度量，取决于显示器大小与其像素设置。计算机显示器的分辨率一般为 96dpi，显示器分辨率越高，显示效果越好。在 Photoshop 中，图像像素被直接转换成显示器像素，所以当屏幕分辨率低于图像分辨率时，图像在屏幕上显示的尺寸会大于实际尺寸。

3) 扫描分辨率

扫描分辨率是指扫描一幅图像之前设置好的分辨率，会影响所获得图像的质量，一般以点/英寸(dot per inch，dpi)度量。扫描分辨率太低，图像效果粗糙；扫描分辨率太高，容易产生多余的信息导致图像文件太大。

1.2.2　位图与矢量图

1. 位图(Bitmap images)

位图又称像素图或点阵图，可通过扫描仪或数码相机获得，也可通过图像处理软件生成。位图图像是以一个个的像素来描述的，每个像素都有一个明确的颜色，图像效果依靠颜色与颜色之间的差异来表现。图像的大小和质量取决于图像中像素的多少，单位面积内的图像中所含的像素越多，图像越清晰，颜色过渡越平滑。若将位图放大到一定比例，就能看到一个个图像中的像素。位图的主要优点在于表现力强、细腻、层次与细节多，容易模拟图像的真实效果。

2. 矢量图(Vector graphics)

矢量图又称向量图，由矢量绘图软件绘制产生，通过一系列计算机指令来描述和记录图形，因此需要专门的软件来解释对应的图形指令。矢量图由点、线或文字等各自独立的物体组合而成，由于物体表现形式的独立性，所示使得矢量图的质量与分辨率无关。矢量图虽然复杂但文件较小，图像是由数学指令所代表的直线和曲线的集合。

通常所说的图像指的是位图，而图形则多是指矢量图。

矢量和位图的适用场合是不一样的。矢量图对于线条艺术作品来说是处理效果最好。位图则是摄影作品和其他具有许多颜色和色调的图像(如投影和浮雕效果)的最佳选择。

1.2.3　颜色模式与位深

1. 颜色模式

人类的肉眼会接触到许多颜色，要正确记录这些颜色之间的差异，需要将这些颜色数值化。由于记录颜色的角度不同，就出现了许多不同的颜色系统，也对应形成了不同的颜色属性，这就是所谓的颜色模式。简单来说，颜色模式是图像描述颜色的方案，以方便图像处理软件依据相应的模式来调整图像，赋予图像描述、存储和编辑的功能。Photoshop 支持的颜色模式可分三类。

1) 无色模式

无色模式包括位图模式和灰度模式。

(1) 位图模式只有黑白两个色阶。该模式下 Photoshop 只使用一个二进制位表示像素。这种模式只能由灰度图转换得到。

(2) 灰度模式用单一色调来表现图像，每个像素只有 256 种色阶，由最暗的颜色(黑色、0 色阶)和最亮的颜色(白色、255 色阶)和之间的 254 种灰色构成，即保留了原图像的亮度效果，舍弃了色相饱和度等彩色信息。

2) 彩色模式

彩色模式包括 RGB 模式、Lab 模式、CMYK 模式、HSB 模式、索引颜色模式。

(1) RGB 模式被应用于各种屏显场合，也是 Photoshop 默认使用的颜色模式。RGB 模式是 Red(红色)、Green(绿色)和 Blue(蓝色)三原色的缩写。这种模式基于光的表现方法，即混合的颜色越多，表现的颜色就越亮，若没有进行颜色混合，表现为黑色；全部混合起来，则表现为白色，这种颜色混合方式称为加色法。R、G、B 三种原色的取值范围均为 0～255，当三种原色的值均为 255 时，便得到白色；当三种原色的值均为 0 时，便得到黑色；当三种原色的值均为 128 时，便得到中性灰。只要三种原色分量值相等，即可得到某种灰色，分量值越大灰色越亮，反之得到的灰色就越暗。

(2) Lab 模式是 1976 年由国际照明委员会公布的一种颜色模式，涵盖了理论上所有人眼可见色的颜色。Lab 模式的最大特点是该模式的颜色与设备无关，无论使用何种设备(如显示器、打印机或扫描仪)创建或输出图像，都能生成一致的颜色。Lab 模式由光度分量(L)和 a、b 两个色度分量组成，a 分量从绿色逐渐过渡到红色，所以也称 a 分量为红绿色度；b 分量从蓝色逐渐过渡到黄色，所以也称 b 分量为黄蓝色度。Lab 模式所定义的色彩最多，如果要单独编辑图像中的亮度和颜色值，就可采用这种模式。L 取值范围为 0～100，值越大，结果色越亮。a 和 b 的取值范围均为 -100～100，当 a>0 时，a 的值越大，结果色越接近红色；当 a<0 时，a 的绝对值越大，结果色越接近绿色。当 b>0 时，b 的值越大，结果色越接近黄色；当 b<0 时，b 的绝对值越大，结果色越接近蓝色。在 Lab 颜色模式下，要得到黑色，L、a、b 均取值为 0、0、0；要得到白色，L、a、b 取值为 100、0、0；要得到某种灰色，只需要调整 L 的取值，同时保持 a、b 分量值为 0。

(3) CMYK 模式与 RGB 模式类似，也定义了三原色，但却是青色(Cyan)、洋红色(Magenta)和黄色(Yellow)，由于仅靠这三种颜色只能得到深褐色，而无法得到纯粹的黑色，所以为了弥补暗调的不足，就在原有的三色基础上添加了黑色(Black)，于是就成了 CMYK 颜色模式。虽然与 RGB 相比，它所表现的颜色比较少，但是由于印刷时不能使用 RGB 颜色，因此该颜色模式主要用于与纸质印刷相关的图像制作。CMYK 模式是一种减色模式，即添加的原色分量越多，结果色越暗，越接近黑色。在 CMYK 模式下要获得黑色，C、M、Y、K 各分量的取值均为 100%；要获得白色，C、M、Y、K 各分量的取值则均为 0%；若要获得某种灰色，可在保持 C、M、Y 各分量的取值相等的情况下，用 K 分量来控制灰色的明暗。在 CMYK 颜色模式中，作为原色出现的青色、黄色、洋红色分别是 RGB 颜色模式中红色、蓝色、绿色的互补色。互补色也称补色，表达的是两种颜色的关系，若有两种颜色以适当比例混合后呈现为白色，则称两种颜色"互为补色"。理论上，一种颜色总能找到其对应的补色。可以通过简单的视觉残像实验来感受人眼是如何自动"求补"的：首先在电脑屏幕上打开一幅纯红色的图片，让双眼长时间地盯着图片看至少一分钟，然后迅速将目光移到白色的墙壁上，这时人眼对红色的敏感度降低，在看到白色墙壁时会产生白色墙壁是青色的错觉，这种视觉残像就是人眼自动"求补"的结果。

(4) HSB 模式是基于人眼对颜色的感知情景，通过三个基本特征 H、S、B 来描述颜色。H 是色相(Hue)，体现了物体反射或透射光的颜色，通常用度来表示，取值范围是 0～360 度；S 是饱和度(Saturation)，用于控制颜色的强度或纯度，通常以百分比来表示，取值范围是 0%～100%；B 是亮度(Brightness)，表示颜色的相对明暗程度，通常使用 0%(黑色)～100%(白色)的百分比来表示。在 HSB 模式下要获得黑色，H、S、B 各分量的取值都是 0；要获得白色，H、S、B 各分量的取值则为 0、0%、100%；若要获得某种灰色，可在保持 H、S 分量的取值分别为 0、0%的情况下，用 B 分量来控制灰色是接近白色还是接近黑色。

(5) Indixed 模式的图像常被应用在多媒体或网络上，Photoshop 会为使用索引颜色模式的图像创建一个最多包含 256 种颜色的颜色表存放并索引源图中的颜色，可以在尽量维持图像视觉品质的同时缩减图像文件的大小。若原图中的某种颜色不在颜色表中，Photoshop 将从颜色表中选取最接近该颜色的一种索引色来模拟或替换该颜色。

3) 特殊模式

特殊模式包括双色调模式和多通道模式，这两种颜色模式都是为了节约打印成本而设置的颜色模式。

(1) 双色调模式下，虽然只有单一颜色通道，但可使用 1 种(非黑色)、2 种、3 种、4 种油墨分别创建单色调、双色调、三色调和四色调的图像，这种模式的图像主要用于特殊打印。

(2) 多通道模式的每个通道可拥有 256 级灰度，主要用于特殊打印机和特殊印刷。任何一个含有多个颜色通道的图像，删除任意颜色通道都将使得该图像的颜色模式变成多通道颜色模式。

2. 位深

位深是指用于度量图像中有多少颜色信息可用于显示或打印，是一个像素在计算机中进行存储的长度，其单位是位(bit)，所以称为位深。越大的位深意味着图像的颜色越丰富细腻。

1.2.4　图像文件大小与图像尺寸

图像文件大小就是图像所包含像素占用的存储空间大小。如一个 100×100 像素的图像，在不同颜色模式下图像文件大小计算如下(默认位深为 8 位/8 bit)：

灰度图：100×100 = 10 000 byte = 10 KB

RGB 图：100×100×3 = 30 000 byte = 30 KB

CMYK 图：100×100×4 = 40 000 byte = 40 KB

图像尺寸就是图像的长与宽。在 Photoshop 中，图像尺寸可以根据不同的用途来度量，如英寸、厘米等是用于度量打印输出的图像。

1.2.5　色域和溢色

色域是颜色系统可显示或打印的颜色范围。通常，RGB 色域包含可在计算机显示器或电视机屏幕上显示的颜色。CMYK 色域较窄，仅包含使用印刷色油墨能够印刷的颜色。

当不能印刷的颜色显示在屏幕上时，称为溢色。在 Photoshop 中，若选用的颜色发生溢色时，Photoshop 会给出警告标记，单击该标记，Photoshop 将自动选取一种与该颜色最相近的颜色以消除溢色。

1.2.6　色相、饱和度、亮度、色调

1．色相

色相就是颜色，是从物体反射或透过物体传播的颜色。在 0°到 360°的标准色轮上，按位置度量色相，通常色相由颜色名称标识。

2．饱和度

饱和度又称彩度，是指颜色的强度或纯度。饱和度表示色相中灰色分量所占的比例，它使用 0%(灰)至 100%(饱和)来度量。

3．亮度

亮度是颜色的相对明暗程度，通常用 0%(黑)至 100%(白)来度量。

4．色调

色调是以明度与饱和度共同表现的色彩程度。对于彩色图像而言，图像具有多个色调，如明暗色调，颜色色调等。

1.3　课堂示例及练习

1．定制工作界面

提示：

(1) 工作环境要适合用户自己。

(2) 设置常用面板组合(图层、通道、路径和历史记录)。

视频 1-8　定制工作界面

2．制作全景照片

提示：

(1) 用数码相机拍摄全景照片应该注意一组照片的曝光值要相近，宜静不宜动，依次排列，而且相互之间应有部分重叠。

(2) 使用"文件"菜单下的"自动"中的"Photomerge"命令。

3．收集素材

提示：

(1) 有目的地收集素材。

(2) 素材文件名称尽量具有提示性。

视频 1-9　制作全景照片

(3) 将收集好的素材分类摆放。

4. 制作素材索引

提示：

(1) 当用户所拥有的素材图片越来越多时，就会发现要管理它们并不是那么随意了，这时就可以通过制作索引图来提供一个快速的查询检索。

视频 1-10　制作素材索引

(2) 使用"文件"菜单中的"自动"下的"联系表Ⅱ"命令。

(3) 有些 Photoshop 版本没有联系表Ⅱ(ContactSheetⅡ)，可以从有联系表Ⅱ的版本中拷过来用。注意联系表Ⅱ属于增效工具。

第 2 章 基 本 操 作

本章集中介绍了在 Photoshop 使用过程中惯用的一些基本操作，包括了文件的基本操作、图像窗口的基本操作、颜色获取、图像大小调整与变换、历史记录面板的使用和辅助工具的使用。

2.1 文件的基本操作

在 Photoshop 中，对图像文件的操作包括新建、打开、保存和关闭四类。

2.1.1 文件的新建

选择"文件"菜单中的"新建"命令，或是按下 Ctrl+N 组合键，都可以打开"新建"文件对话框，如图 2-1 所示。

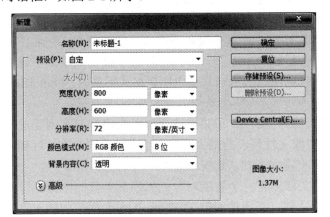

视频 2-1 新建图像文件

图 2-1 "新建"对话框

在"新建"对话框中可以设置与图像文件相关的内容：

(1) 名称：输入要建立的新图像文件的名称。通常文件名称应与内容或效果密切相关。

(2) 预设：在该列表下选择 Photoshop 预置的图像尺寸。当预设值选择为"自定义"时，用户可用熟悉的单位来自定义设置图像尺寸，如"像素"、"厘米"等。

(3) 分辨率：设置图像分辨率，即设置图像单位长度中像素的数目。通常图像分辨率越高，图像质量越好，图像文件也越大。

(4) 颜色模式：在"颜色模式"的下拉列表中提供了 Photoshop 图像文件可使用的五种颜色模式：位图模式、灰度模式、RGB 模式、CMYK 模式和 Lab 模式，用户可从中选择新建的图像文件所使用的颜色描述方案。

(5) 位深："位深"的下拉列表中的数值是每个像素用于保存颜色的二进制位数，可用于度量图像可使用的颜色多少以及颜色过渡的平滑程度。例如，位深为 1 的图像中只能出现 2^1 共两种颜色，而位深为 8 的图像则可以出现 2^8 共 256 种颜色，"24 位真色彩"则表示图像中能出现 2^{24} 共 16 777 216 种颜色。

(6) 背景内容：用于设置新建图像初始的背景效果。在"背景内容"下拉列表中有"白色"、"背景色"和"透明"三个选项。选择"透明"选项，创建的图像文件将有一个透明的图层，这个图层称为普通图层，在此图层上的操作没有特殊的限制。另外两个选项所创建的图像文件得到的都是称之为"背景层"的特殊图层，这种图层不允许出现透明区域。

(7) 高级选项区：用于设置色彩配置文件和像素长宽比。一般情况下，"颜色配置文件"使用"不要对此文档进行色彩管理"，"像素长宽比"使用默认值"正方形"即可。若要对新建图像文件进行特定的色彩管理，可单击"颜色配置文件"下拉列表进行选取。若新图像文件将用于编辑视频图像，需要使用非正方形像素，也可根据具体需要选择"像素长宽比"下拉列表中的相应选项。

2.1.2　文件的打开

在 Photoshop 的"文件"菜单中提供了多种打开图像文件的方法。

(1) 打开：用于打开已知格式的图像文件。单击该命令会弹出"打开"对话框，在其中输入图像文件的路径和文件名，单击"打开"按钮或双击目标文件，即可打开图像文件。

(2) 打开为：用于以指定文件格式打开图像文件，可用于尝试打开遗失后缀的图像文件。单击该命令会弹出"打开为"对话框，在其中输入图像文件的路径和文件名，确定用于打开该图像文件的图像格式(类型或文件后缀名)，单击"打开"按钮或双击目标文件，按指定图像格式打开目标文件。当目标图像的内容与指定图像格式不符时，Photoshop 会给出无法打开图像文件的提示。

(3) 最近打开文件：使用"最近打开文件"子菜单选项可以快速打开刚浏览过的图像文件。"最近打开文件"子菜单中图像文件列表的最大项数，由系统设置时在"近期文件列表包含? 个文件"选项中填入的数字确定，默认情况下是 10 个图像文件。

(4) 打开为智能对象：将图像文件作为一个智能对象嵌入当前单开的图像窗口中。智能对象是一个嵌入到当前文档中的文件，在图像编辑时 Photoshop 会保护智能对象文件的原始数据不被破坏。

(5) 在 Bridge 中浏览：用于直观地浏览和检索几乎所有格式的图像文件。单击文件可以在元数据区域了解文件的相关信息，双击文件可以在 Photoshop 中打开该图像文件。

2.1.3　文件的存储

1. 存储

存储是将图像文件以 Photoshop 默认的路径和格式进行覆盖式保存。

对原来已经存在的图像文件进行编辑修改后，单击"文件"菜单中的"存储"命令，修改后的图像文件将以 Photoshop 默认的图像格式覆盖原文件。

存储一个新建的图像文件时等同于"存储为"命令，Photoshop 将打开"存储为"对话框，在设置新建图像文件的名称、格式、存储位置等内容后，单击"保存"完成图像文件的存储。

2．存储为

存储为是将图像文件以用户指定的路径和格式进行副本保存。

可以在打开的"存储为"对话框内对图像文件进行重命名、重新指定存储路径或图像格式等操作，单击"保存"按钮会完成图像文件的存储，并同时关闭原来的图像文件，打开新存储的图像文件。存储后的图像文件与原来的图像文件是两个相互独立的文件。

勾选"作为副本"复选框，则可以将图像文件结果存储成原来文件的副本进行备份，而原来的文件仍然处于打开可编辑的状态。

格式选项允许将当前的图像文件存储为其他的图像文件格式，以适应不同的应用程序。Photoshop 支持多种图像文件格式，以下是几种常用的图像文件格式。

(1) PSD 格式。PSD 格式是 Adobe Photoshop 软件自带的格式，可以存储 Photoshop 中所有的图层、通道、参考线、注释和颜色模式等信息。此格式在保存时会压缩文件以减少磁盘空间的占用，但由于 PSD 格式文件保留了所有原图像数据信息，所以相较于其他格式的图像文件而言还是大得多，而且 PSD 格式的图像文件很少为其它软件和工具所支持。编辑图像时通常使用 PSD 格式，一旦完成则根据需要将它转换成其他比较通用的图像格式，以便于输出到其它软件中继续编辑或使用。PSD 图像格式的文件最好保存到确认不需要在 Photoshop 中再次编辑该图像为止。

(2) BMP 格式。BMP 格式是一种 Windows 或 OS/2 标准的位图图像文件格式，当文件保存为这种格式时，可支持 RGB、索引颜色、灰度和位图颜色模式，但不支持 CMYK 颜色模式和 Alpha 通道。BMP 格式支持 1 bit～24 bit 的格式，对 4 bit～8 bit 的图像还可以设置 Run Length Encoding(RLE，运行长度编码)压缩方案，这是一种无损压缩方案，是一种非常稳定的格式。

(3) GIF 格式。GIF 格式代表"图形交换格式"。GIF 格式最多能保存 256 色的 RGB 色阶数，采用 LZW 压缩方式进行图像压缩，适用于 HTML 文档或网络图片传输。GIF 格式只能支持 8 位图像文件，可以存储为 CompuServe GIF 格式以支持 Interlaced(交错的)特性，也可以存储为 GIF 89a Export 格式，它除了支持 Interlaced 外，还可支持透明背景及动画格式以及一个 Alpha 通道。此外，GIF 格式还有一个特征，可以顺序显示图像，表现出类似动态影像的效果，这种动态 GIF 格式图像主要用于互联网的 Banner 广告。

(4) EPS 格式。EPS 格式是一种通用的行业标准格式。EPS 格式的图像中同时包含像素信息和矢量信息，可以在 Illustrator 和 Photoshop CS 之间进行交换。除了多通道模式的图像外，其他颜色模式的图像均可存储成 EPS 格式。这种格式是压缩的 PostScript 格式，是为在 PostScript 打印机上输出图像开发的，它可以在排版软件中以低分辨率预览，而在打印时以高分辨率输出。EPS 格式可以支持 Photoshop 中所有的颜色模式，可以用来存储点阵图像和矢量图像，可以在存储点阵图时将图像的白色像素设置为透明(位图模式也支持透明)，可以支持裁切路径但不支持 Alpha 通道。

(5) JPEG 格式。JPEG 格式是一种有损压缩格式，通常用于图像预览和超文本文档中。

它的特点是文件小，可进行高倍率的压缩，是目前所有格式中压缩率最高的格式之一。因为 JPEG 采用的是有损压缩方式，所以压缩率越大，图像容量越小，图像损失越大，保存后的图像与原图像差异越明显，因此印刷品一般不用这种格式。JPEG 格式支持 RGB、CMYK、和灰度颜色模式，但不支持 Alpha 通道。此外，JPEG 图像虽然可用于使用 Flash 或 LiveMotion 创建的影片中，但不能转化为动画图像。

(6) PCX 格式。PCX 格式最早是 ZSOFT 公司的 Paintbrush 图像软件所支持的图像格式。PCX 格式与 BMP 格式一样支持 1 位~24 位的图像，并可用 RLE 压缩方式保存图像文件。PCX 格式还可以支持 RGB、索引颜色、灰度和位图颜色模式等多种颜色模式，但不支持 Alpha 通道。

(7) PDF 格式。PDF 格式是 Adobe 公司开发的用于 Windows、Mac OS、UNIX 和 DOS 系统的一种专为网上出版而制订的文件格式。PDF 格式的文件可以保存多页信息，可以包含图形和文本。它以 Postscript level 2 语言为基础，可以覆盖矢量图和位图并支持超级链接，是网络下载经常使用的格式。PDF 格式适用于不同平台，不需要排版或图像软件即可获得图文混排的效果。PDF 格式支持 RGB、CMYK、Lab、索引、灰度和位图等多种颜色模式，还支持通道和图层等数据信息。

(8) RAW 格式。RAW 格式几乎是直接从 CCD 或 CMOS 上得到的未经过处理和压缩的格式。一般认为 RAW 格式可记录数码相机传感器的原始信息，同时也可以记录由相机拍摄所产生的一些元数据，如 ISO 的设置、快门速度、光圈值等。

(9) PICT 格式。PICT 格式是一种苹果计算机系统的标准文件格式，被 QuickTime 中的自动压缩和解压缩支持。PICT 是一种通用的多媒体格式，这个格式的特点是能对具有大块相同颜色的图像进行非常有效的压缩。将 RGB 颜色模式的图像保存为 PICT 格式时，可以选择以 16 位或 32 位像素分辨率保存图像，若选择 32 位，则可包含通道。PICT 格式支持 RGB、索引颜色、灰度和位图颜色模式，在 RGB 下还能支持 Alpha 通道。

(10) PXR 格式。PXR 格式是专为与 PIXAR 图像计算机进行交换文件页设计的，该格式支持灰度图像和 RGB 彩色图像，仅在一些大型 PIXAR 工作站才会用到这种文件格式。在 Photoshop 中可以打开一幅由 PIXAR 工作站创建的 PXR 图像，也可以用 PXR 格式来存储图像文件，以便输送到 PIXAR 工作站上。

(11) PNG 格式。PNG 格式由 GIF 格式发展而来，是由 Netscape 公司专门面向因特网中的应用而开发的一种图像文件格式，可以保存 24 位真彩色图像，并支持透明背景和消除锯齿边缘的功能，并能在不失真的情况下压缩保存图像。它在 RGB 和灰度颜色模式下支持 Alpha 通道，但在索引颜色和位图颜色模式下不支持。PNG-8 支持 GIF 格式，PNG-16 支持 JPEG 格式，可以说 PNG 格式是集二者优点为一体的图像格式，但是目前 PNG 格式的使用不如 GIF 和 JPEG 格式广泛，主要是因为不是所有浏览器都支持 PNG 格式。

(12) SCT 格式。SCT 格式通常用于保存将在 Scitex 图像处理系统上处理的 CMYK 文件，这种格式不支持 Alpha 通道。

(13) TGA 格式。TGA 格式专门用于使用 True Vision 视频卡的系统，并通常受 MS-DOS 颜色应用程序的支持。它支持 24 位 RGB 图像(8 位×3 颜色通道)和 32 位 RGB 图像(外加一 8 位的 Alpha 通道)，也支持无 Alpha 通道的索引颜色和灰度颜色模式。

(14) TIFF(Tagged-Image File Format)格式。TIFF 是一种无损压缩格式，这种压缩方式

对图像的损失很少，并且可以减少文件所占的磁盘空间。TIFF 格式可支持 LZW(Lemel-Ziv-Welch)压缩方式，便于在应用程序间、计算机平台间进行图像数据交换。TIFF 格式支持 RGB、CMYK、Lab、索引颜色、灰度和位图颜色模式，当它在 RGB、CMYK 和灰度颜色模式下还支持通道、图层和路径的使用。

3. 存储为 Web 和设备所用格式

存储为 Web 和设备所用格式是将图像文件保存为适合网页的图像格式。

当图像应用于网页时，可将图像文件存储为 Web 所用的格式。执行"文件"菜单中的"存储为 Web 和设备所用格式"命令，弹出如图 2-2 所示对话框，在对话框中可以对当前图像文件进行优化以适应网页展示，其中列出包括格式、大小、以某种网络设备下载文件所需要花费的时间等内容。

当用户在保存图片的时候，Photoshop 提供了 GIF、JPEG、PNG 和 WBMP 四种 WEB 安全图像格式给用户进行选择。WBMP(Wireless Bitmap)图像只允许出现黑白两种颜色的像素，即只支持黑白图像，而 GIF、JPEG 和 PNG 都支持彩色图像。GIF 和 PNG 采用的是无损压缩方案，JPEG 则是压缩比可以非常高的有损压缩代表，如何平衡图像质量和图像文件的大小是设置和保存网页图片的重要问题，通常要根据具体情况来进行权衡。

视频 2-2
存储为 Web 格式

图 2-2 "存储为 Web 和设备所用格式"对话框

2.1.4 文件的关闭

选择"文件"菜单中的"关闭"命令，或是按下 Ctrl+W 组合键，或是单击图像窗口右上角的关闭按钮，都可以关闭图像文件窗口。当要关闭的图像文件有编辑痕迹时，Photoshop 会弹出如图 2-3 的提示框，以保证关闭之前存储的文件是用户需要的。

图 2-3　"关闭文件"提示框

2.2　图像窗口的基本操作

Photoshop 允许打开多个图像文件，每个图像文件默认对应一个图像窗口。图像窗口的操作主要用于更改图像的查看方式。

2.2.1　窗口的停靠与分离

在 Photoshop CS5 中，打开的图像窗口默认是以选项卡的形式停靠在工作区的顶部。若要实现停靠状态下单个图像窗口的分离，可将鼠标指向目标图像窗口对应的选项卡，按住鼠标左键后向工作区内拖动，即可将原来停靠在工作区顶部的图像窗口分离出来。

若要实现停靠状态下多个图像窗口的统一分离，可打开"窗口"菜单，执行"排列"子菜单中的"使所有内容在窗口中浮动"命令。若要实现多个图像窗口的统一停靠，可打开"窗口"菜单，执行"排列"子菜单中的"将所有内容合并到选项卡中"命令。

若要实现单个图像窗口的停靠，可用鼠标移动图像窗口到工作区顶部，当边缘出现蓝框时释放鼠标左键，即可实现该图像窗口的停靠。

2.2.2　窗口显示

Photoshop 工作区显示图像窗口有三种模式：标准屏幕模式、带有菜单栏的全屏模式和全屏模式。单击"视图"菜单的"屏幕模式"子菜单下的不同命令或按下键盘 F 键，均可实现图像窗口在三种不同模式间的切换操作，如图 2-4 所示。

标准屏幕模式　　　　　　带有菜单栏的全屏模式　　　　　　全屏模式

图 2-4　显示图像窗口的三种模式

2.2.3　多窗口显示

Photoshop 允许同时打开多个图像文件，为方便对这些打开的

视频 2-3　多窗口显示

图像窗口进行观察和编辑，可使用"窗口"菜单中"排列"子菜单中的"层叠"和"平铺"命令来合理摆放和布置多个图像窗口。

在多窗口显示状态下，可直接使用"窗口"菜单中"排列"子菜单中的"匹配缩放"、"匹配位置"、"匹配旋转"和"全部匹配"命令来实现所有窗口中图像的统一缩放、定位查看等操作，也可以搭配使用 Shift 键来选定要同时操作的多幅图像。

2.3 颜 色 获 取

颜色获取是在 Photoshop 中绘图的关键操作之一。

一般情况下，用户直接可使用的颜色是 Photoshop 工具箱中提供的前景色和背景色。工具箱下方的黑白色块叠放图案是 Photoshop 的前景色/背景色显示区，默认情况下前景色为黑色，背景色为白色。要更改系统提供的前景色和背景色，通过以下方式可以完成此操作：

(1) 单击前景色或背景色对应区域打开拾色器以更改前景色或背景色。

(2) 使用吸管工具用从图像中获取颜色来替换前景色或背景色。

(3) 使用颜色面板来调整前景色或背景色。

(4) 使用色板面板来更改前景色或背景色。

若需要恢复系统默认的前景色和背景色，可单击工具箱中前景色/背景色显示区附近的黑白方块，或者直接按键盘 D 键。若需要交换当前系统提供的前景色和背景色，可单击工具箱中前景色/背景色显示区附近的双箭头，或者直接按键盘 X 键。

2.3.1 拾色器

Photoshop 默认使用的拾色器是 Adobe 拾色器，也可以根据需要执行"编辑"菜单下"首选项"子菜单中的"常规"命令，在弹出的"首选项"对话框中将拾色器设置为"Windows 拾色器"。

Adobe 拾色器如图 2-5 所示，可选择不同彩色颜色模式中的不同分量，得到与之对应的调色板。复选框"只有 Web 颜色"用于将可选色限定在 Web 安全色范围内。"添加到色板"按钮可将当前选定的"新的"颜色添加到"色板"面板中保存以供下次直接使用。单击"颜色库"按钮，弹出如图 2-6 所示"颜色库"对话框，在颜色库选定的颜色列表中可为刚刚在拾色器中选定的"新的"颜色寻找最为接近的替换颜色，并同时给出该颜色对应的名称。

选取某个颜色后，它会作为"新的"颜色出现在预览色框的上部，可与预览色框下部显示的"当前"颜色进行直观比较。若新颜色右侧出现 ⚠ 标志，表示新颜色出现溢色，即印刷时该颜色超出色域；若当前颜色右侧出现 ⬡ 标识，则表示新颜色不是 Web 安全颜色。无论出现哪个标志，其下方一定会有一个色块，这是系统认为最接近当前有问题颜色的替换色。若要接受系统提供的替换色，可直接点击对应标志或其下方色块；若不接受，则需要重新在拾色器中进行选色。

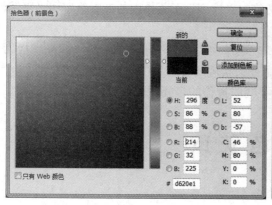

图 2-5 Adobe 拾色器

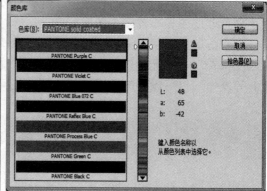

图 2-6 颜色库对话框

2.3.2 吸管工具和颜色取样器

Photoshop 的工具箱中提供的吸管工具可以吸取当前图像窗口中任意区域的颜色。

选中吸管工具后，在图像窗口中单击需要取色的位置，默认将图像上对应的颜色吸取到前景色中。如果在单击鼠标前按住 Alt 键不放，则可将吸取的颜色替换到背景色中。

吸管工具默认使用"取样点"进行颜色取样。单击吸管工具属性栏中"取样大小"选项的下三角按钮，在弹出的下拉列表进行选择，确定吸取颜色的范围。如选择"5×5 平均"选项，则吸取的颜色不再是单个像素的颜色，而是在所单击像素点周围 5×5 个像素范内的平均颜色值。

如果需要知道某个颜色的基本信息，可使用"颜色取样器"工具。该工具对颜色的取样方式与吸管工具一致，但在同一个图像窗口中，最多只能记录 4 个颜色样本信息。

"颜色取样器"工具搭配"信息"面板，可对颜色进行取样并查看颜色样本信息，这些颜色样本信息与当前图像的颜色模式密切相关。默认情况下，使用"颜色取样器"工具，系统会自动打开"信息"面板，但若之前关闭了"信息"面板，则需要在"窗口"菜单中重新打开"信息"面板才能看到取样获得的颜色信息。

2.3.3 颜色面板与色板面板

Photoshop 中的颜色面板和色板面板也可实现对前景色和背景色的调整或替换。

1. 颜色面板

单击"窗口"菜单的"颜色"命令或按下键盘 F6 键，可实现对 Photoshop 颜色面板的显隐操作。

默认情况下，颜色面板调整的是前景色。可用鼠标左键单击面板左上部的色块叠放图案或前景色或背景色对应区域，以实现对对应颜色的调整。

单击颜色面板右上角的菜单按钮，在弹出的子菜单中可以选择所需的命令项：① 有 6 种针对颜色模式的滑块组可选择，如 RGB 滑块、CMYK 滑块或灰度滑块等。② 有 4 种不同的色谱可选择，其中"当前颜色"命令用于显示当前前景色和当前背景色之间的色谱，若要快速切换 4 种色谱，可按住 Shift 键并在颜色轴上单击。③ "建立 Web 安全曲线"命令能把显示的颜色限制在 Web 安全颜色范围内。

当鼠标光标放在颜色轴上时，光标会自动变成吸管工具，点击可直接用选定的颜色替换当前的前景色或背景色。

2. 色板面板

单击"窗口"菜单的"色板"命令可实现对 Photoshop 色板面板的显隐操作。

色板面板调整的究竟是前景色还是背景色，由颜色面板中选择调整的对象决定。将鼠标移动到色板面板的颜色格上，鼠标光标变成吸管工具，单击鼠标可将该颜色格中的颜色吸取出来替换系统的前景色，若在单击鼠标的同时按住 Ctrl 键，则可将该格子的颜色吸取出来替换系统的背景色。

若对默认的 Photoshop 色板颜色不满意，点击色板面板右上角的菜单按钮，使用"载入色板"命令可追加其它色板的颜色集。若要把当前的前景色作为新色块添加到色板面板的颜色集中，可直接把鼠标光标移动到色板面板的空白处，当鼠标光标变成油漆桶工具后单击即可。若要从色板面板中删除一个颜色，可按住 Alt 键并将鼠标光标放置在该颜色上，当鼠标光标变成剪刀形状时单击可将该颜色块删除，或者直接将颜色拖曳到下面的"垃圾桶"图标上也可以删除颜色。要保存自定义色板，可用面板子菜单中的"存储色板"命令将当前色板保存为.aco 的色板文件，可以将自己喜欢的一些颜色放置到一个色板文件中，保存为"My Favorite"。在色板面板的颜色块上单击鼠标右键，可为该颜色色板重命名。

2.4 图像的基本操作

Photoshop 中的图像是放置在画布上进行展示的，所以对图像的基本操作包括了两个部分：一个是对展示图像的画布的操作，另一个是针对图像本身的操作。Photoshop 提供的绝大多数操作都是针对图像本身的。

2.4.1 画布调整

画布是当前图像周围的与图像一体的可工作空间的代称。当打开一个图像文件，Photoshop 默认画布的大小与图像的大小是一致的。

1. 画布大小调整

单击"图像"菜单中的"画布大小"命令，或同时按下键盘上的 Ctrl+Alt+C 组合键，可以打开"画布大小"对话框，如图 2-7 所示。在对话框中可对图像的画布尺寸进行修改，同时保持图像本身的比例不变，若新画布尺寸小于图像尺寸，则会对当前图像进行局部剪切，若新画布尺寸大于图像尺寸，则需要定位当前图像在新画布中的位置，并以预先定义的"画布扩展颜色"来填充画布扩展的区域。

图 2-7 "画布大小"对话框

2. 旋转画布

当所获得的素材图片并不是水平拍摄效果或者希望变化图片的展示角度时就需要使用旋转画布功能。

视频 2-4 旋转画布

打开"图像"菜单的"图像旋转"子菜单，通过从中选择不同的选项可以实现图像画布的旋转，画布旋转后 Photoshop 会自动使用当前背景色填充扩展出来的画布区域。在"图像旋转"子菜单中，"任意角度"命令可以单独使用，也可以与工具箱中的"标尺工具"搭配使用，搭配使用的方法是：在图像窗口中使用"标尺工具"拖出一条直线，然后选择"图像旋转"子菜单中的"任意角度"命令，这时"旋转画布"对话框中的"角度"会自动填充一个数值，这个数值是图像中标尺拖出的直线与水平线的夹角值，根据情况选择旋转方向，即可将图像中"标尺工具"拖出的直线作为实际水平线来旋转图像。也可以简化这个自定义水平线的操作：在图像窗口中使用"标尺工具"拖出一条直线，然后单击"标尺工具"对应的工具属性栏上的"拉直"按钮。

2.4.2 图像调整

图像调整是指对图像文件的基本属性进行编辑，包括更改图像尺寸和分辨率、缩放图像、旋转图像等操作。在进行平面图像设计时，首先要考虑的就是效果图的用途，并根据它来设置图像的尺寸和分辨率。

1. 图像大小的调整

单击"图像"菜单下的"图像大小"命令，或按下 Ctrl+Alt+I 组合键，打开"图像大小"对话框，可查看当前图像文件的大小并对图像尺寸、分辨率等内容进行修改，如图 2-8 所示。

视频 2-5 图像调整

图 2-8 "图像大小"对话框

若是在对话框中勾选了"重定图像像素"复选框，则在改变图像分辨率时，系统将自动改变图像的总像素数，但不改变图像的打印尺寸；若没有勾选该项，则图像的总像素数目不变，改变的是图像打印尺寸。举例来说，若将 72 ppi 的图像改为 350 ppi，其他各项均不改动，那么打印出来的图像会很模糊。因为默认勾选了"重定图像像素"，所以图像的打印尺寸不会改变，即打印时每个单位长度内像素数目不变，而每个新像素比原来的像素要小许多，要保持原来的图像尺寸，就必须放大新像素。对于图像来说，像素一经放大就会影响图像质量，要想保持原打印质量，同时又不影响图像自身的像素变化，必须取消勾选"重定图像像素"复选框和勾选"约束比例"复选框后再进行图像尺寸或分辨率的变化。

　　需要注意的是，若原图的分辨率很低，通过 Photoshop 来提高图像分辨率，Photoshop 将利用差值运算来产生新的像素，这可能会造成图像模糊、层次不明，与原稿有较大出入。

2. 图像变换

　　图像变换是图像编辑中非常重要的一类操作，通过图像变换可以实现对图像的缩放、旋转、斜切、扭曲、透视等操作。图像变换的本质是图像中像素的变换，所以图像变换是建立在选中像素的基础上的，若没有创建选区，则默认变换当前普通图层上的所有像素。

　　打开"编辑"菜单的"变换"子菜单，可选择不同菜单项执行相应的图像变换。当执行过一次图像变换后，"变换"子菜单中的"再次"命令将被激活，单击该命令可以用与上次图像变换相同的参数值再次对当前可操作的像素群进行图像变换。换言之，"再次"命令可以确保对于相同的操作对象，两次变换操作的效果完全相同。

　　若要进行的图像变换相对比较复杂，可以直接使用"编辑"菜单中的"自由变换"命令，该命令需要搭配 Ctrl 键来实现"自由、不受限"的变换。

2.5　历史记录面板的使用

　　Photoshop 中的历史记录面板用于记录从打开图像文件开始，对该图像文件的一系列操作步骤。历史记录面板中的内容是"撤销"或"重做"这一类命令的依据，它也可以搭配历史记录画笔、橡皮擦等工具使用。

2.5.1　历史记录面板的显隐

　　历史记录面板是最常使用的面板之一，通过单击勾选"窗口"菜单中的"历史记录"命令，可实现历史记录面板的显示；取消勾选"历史记录"命令，则可使历史记录面板隐藏，如图 2-9 所示。

图 2-9　显示"历史记录"面板

2.5.2　设置面板中历史记录数

　　单击"编辑"菜单"首选项"子菜单中的"性能"命令，在弹出的"首选项"对话框中设置"历史记录状态"值，用于指定历史记录面板可记录的历史操作数目，如图 2-10 所示。系统默认可记录最近 20 次的历史操作。

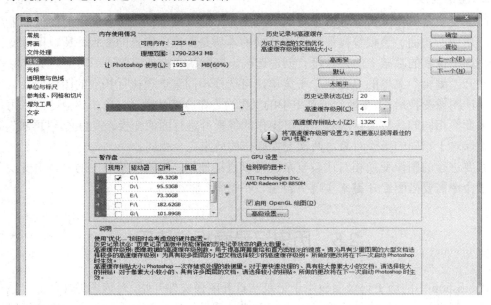

图 2-10　设置"历史记录"面板记录数目

2.5.3　设置撤销与恢复

　　在历史记录面板中记录不为空的情况下，选择"编辑"菜单中的"还原"命令，或按下 Ctrl+Z 组合键，可撤销上一步操作。选择"编辑"菜单中的"重做"命令，或再按一次 Ctrl+Z 组合键，即可恢复刚撤销的操作。反映在历史记录面板上，则是最后一条记录的失效与激活。

　　若要连续撤销多个步骤，可连续执行"编辑"菜单中的"后退一步"命令，或连续使用 Ctrl+Alt+Z 组合键。若要连续重做多个步骤，在这些步骤没有从历史记录面板中消失之前，可连续执行"编辑"菜单中的"前进一步"命令，或连续使用 Ctrl+Shift+Z 组合键。反映在历史记录面板上，则是连续多条记录的失效与重现。

2.5.4　历史快照

　　使用历史记录面板下部的"创建新快照"按钮，可以将当前图像的编辑状态拷贝并添加到历史记录面板顶部的快照列表中，方便以后从图像的某个快照状态开始继续工作。要注意的是，历史快照不随图像存储，一旦关闭图像 Photoshop 就会删除其中所有创建好的历史快照。若关闭图像窗口后还要使用"快照"图像可以在该历史快照上单击鼠标右键打开快捷菜单，执行"新建文档"命令，将该历史快照保存为新的图像文件。

2.6 辅助工具的使用

2.6.1 缩放工具

图像的放大与缩小对于图像编辑来说是很常用的操作。

视频 2-6 缩放和手抓工具

1. 缩放工具

Photoshop 在工具箱中提供了形似放大镜的缩放工具。选中缩放工具在图像窗口中单击，窗口中图像将被放大；若单击时按住 Alt 键不放，则窗口中图像将被缩小。若单击工具属性栏上的"实际像素"按钮，窗口中的图像将以 100%的大小进行显示；若单击工具属性栏上的"适合屏幕"按钮，窗口中的图像将以最适合当前工作区大小的比例进行显示；若单击工具属性栏上的"填充屏幕"按钮，窗口中的图像将以尽可能大地占用工作区的比例进行显示；若单击工具属性栏上的"打印尺寸"按钮，窗口中图像将按打印分辨率来重排显示图像。

在图像编辑过程中，更多的缩放效果是通过快捷键来实现的，按住 Ctrl 键后连续按下+键可实现连续放大，若是改按–键则可实现缩小，按下 Ctrl+0 组合键可以按"适合屏幕"方式显示图像。

2. 状态栏

当打开图像窗口时，在图像窗口下方的状态栏最左侧有一个"图像显示比例"区域，其中的数值为图像窗口中图像的显示比例。

3. 导航器

单击"窗口"菜单的"导航器"命令，打开导航器面板，如图 2-11 所示。其中红色线框表示当前图像窗口，当图像放大后的显示比例超过工作区最大显示范围时，用鼠标拖动红色线框即可在图像窗口中查看放大后的图像的对应区域。

图 2-11 "导航器"面板

2.6.2　手抓工具

当图像无法在图像窗口中完整显示时，可使用手抓工具在图像窗口中移动图像以显示不同区域。手抓工具的使用很特殊，无论当前正在使用什么工具，按下键盘上的 Space 空格键可以立即切换到手抓工具，放开 Space 空格键又可切换回原来的工具继续操作，手抓工具通常搭配缩放工具使用。

2.6.3　注释工具

注释工具常用于多人协同制作图像时添加提示或留言。单击工具箱中的注释工具，在需要说明的地方单击即可添加一个注释。在注释工具属性栏上可以设置注释的颜色，作者的名字并在注释中添加文字说明。当不需要注释时，可以使用鼠标右击注释，删除注释。

2.6.4　移动工具

移动工具位于工具箱的最上方，用于移动选定的像素群。在使用绘图工具时(如画笔)，按下 Ctrl 键，即可暂时切换为移动工具，放开 Ctrl 键又可回到原来的工具操作状态。

使用键盘的光标键可以使选定的像素群按像素进行微移，若按住 Shift 键后再使用光标键，则可以使选定的像素群按 10 个像素进行移动。

通常移动工具是对同一图层上的像素群(或称对象)进行操作。若要针对多个不同图层的对象进行操作，必须同时选中这些图层或是在这些层之间建立链接关系。一旦移动的对象位于两个或两个以上有链接关系的图层中时，可以使用移动工具的对齐功能。若移动的对象位于三个或三个以上有链接关系的图层中时，可以使用移动工具的分布功能。对齐很好理解，分布则是用选定的对象群来分割图像区域。例如在图 2-12 中，三个小鸭对象分别位于三个不同的图层，图 a 展示了原始的图像效果，图 b 展示了使用移动工具的对齐功能对选中的三个小鸭对象进行"按顶分布"时的效果，显而易见，移动工具的分布功能可以将选中的三个小鸭对象所涉及的图像区域等分成两等分。用移动工具直接拖动对象就可以实现对象的移动，在移动的同时按下 Alt 键就是移动并复制对象，移动复制时若有选区限制，移动工具将把选定对象移动到本图层另一个地方；若没有选区限制，移动工具可将选定对象复制到新的图层。

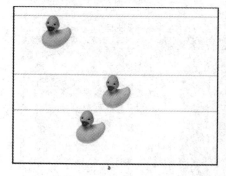
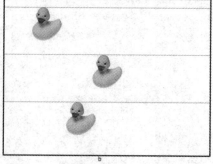

视频 2-7　移动工具

图 2-12　移动工具"按顶分布"效果示意图

2.6.5 定位工具

Photoshop 中有一些用于辅助定位的工具，如标尺，参考线，网格等。当它们与视图中"对齐"命令或"对齐到"子菜单里的命令搭配使用时，可以实现精确定位。

1. 标尺与参考线

可以单击"视图"菜单的"标尺"命令，或直接按 Ctrl+R 组合键来开关标尺。一旦打开标尺，即可使用鼠标从水平标尺中拖曳出水平参考线，从垂直标尺中拖曳出垂直参考线。若要删除参考线，可选择移动工具直接把要删除的参考线拖回标尺，若要删除所有参考线，可使用"视图"菜单中的"清除参考线"命令。

如将标尺的默认单位设置为像素，可通过"编辑"菜单"首选项"子菜单中的"单位与标尺"命令打开"首选项"对话框设置标尺的单位。有时候参考线的颜色与素材图像的颜色过于接近，不易区分，可以使用"编辑"菜单"首选项"子菜单中的"参考线、网格和切片"命令来设置参考线的颜色和样式，如图 2-13 所示。

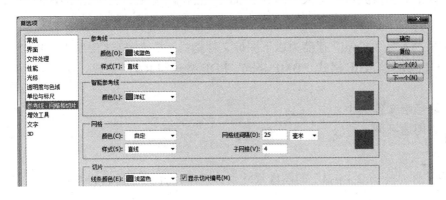

视频 2-8 辅助定位工具的设置与使用

图 2-13 设置参考线的颜色和样式

2. 网格

单击"视图"菜单"显示"子菜单中的"网格"命令，或直接按 Ctrl+' 组合键可以开关网格。要设置网格的颜色、样式和大小，可以使用"编辑"菜单"首选项"子菜单中的"参考线、网格和切片"命令。

3. 对齐与对齐到

若图像中存在参考线、网格等可用于定位的对象，就可以利用 Photoshop 提供的对齐功能。只有勾选了"视图"菜单下的"对齐"选项，才能使用在"视图"菜单"对齐到"子菜单中的设置。

2.6.6 裁剪工具

单击工具箱的"裁剪"工具，可在工具属性栏中设置要保留的图像大小及分辨率，也可以直接用裁剪工具在图像中拖曳实现裁剪。利用裁剪工具，可以快速获得各种尺寸的图像，裁剪工具在二次裁剪构图方面也有突出表现。当使用裁剪工具时，工具属性栏上会出现一个"裁剪参考线叠加"

视频 2-9 裁剪工具

选项，这就是构图比例的线框标尺。此外，工具属性栏上的"透视"选项能实现对裁剪的图像进行透视拉伸的效果。

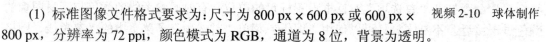

2.7　课堂示例及练习

1. 新建图像

内容：新建一个名为"练习 2-1.psd"的标准图像文件，制作一个半径为 3 厘米的红色球体。

提示：

(1) 标准图像文件格式要求为：尺寸为 800 px × 600 px 或 600 px × 视频 2-10　球体制作

800 px，分辨率为 72 ppi，颜色模式为 RGB，通道为 8 位，背景为透明。

(2) 椭圆选框工具搭配标尺获得指定大小的圆形选区；使用渐变工具获得球体效果。

2. 存储图像

内容：将图像文件"练习 2-1.psd"存储为以下图像文件格式，并比较它们的不同：PSD 格式、JPEG 格式、TIFF 格式、GIF 格式、BMP 格式、PDF 格式和 RAW 格式。

提示：

(1) 文件格式可能影响文件大小。

(2) 不同文件格式用途不同。

3. 更改图像大小

内容：更改图像文件"练习 2-1.psd"的图像尺寸及分辨率，并比较它们的差异。

提示：

(1) 在尺寸不变的情况下，更改图像分辨率。

(2) 在分辨率不变的情况下，更改图像尺寸。

4. 转换颜色模式

内容：打开图像文件"练习 2-1.psd"，更改图像文件的颜色模式并另存为"练习 2-1-颜色模式.psd"(如练习 2-1-RGB.psd)，并比较这些图像的差异。

提示：

(1) 颜色变化。

(2) 文件大小变化。

(3) 模式之间的关系。

5. 更改画布大小

内容：打开图像素材文件"素材 2-1"和"素材 2-2"，拼接出一幅完整图像后另存为"练习 2-2.psd"。

提示：

(1) 在素材 2-1 或 2-2 的基础上扩展画布以容纳整幅图像。

(2) 设置图层透明度，使用移动工具实现图像素材叠放。　　

视频 2-11　更改画布大小

（3）使用羽化或模糊来处理边界。

6. 调整正面拍摄效果

内容：打开图像素材文件"素材 2-3"，将其调整成正面水平拍摄的效果，另存为"练习 2-3.psd"。

提示：

（1）旋转画布搭配工具箱中的度量/标尺工具，将素材调整成水平拍摄效果。

（2）利用裁切工具的透视裁切功能，将素材调整成正面拍摄效果。

视频 2-12　还原正面拍摄效果

7. 鸭群效果

内容：打开图像素材文件"素材 2-4"，使用移动工具将其中的小鸭复制成 4 只后随意摆放，不完全重叠即可，另存为"练习 2-4.psd"。

提示：

（1）有选区时使用移动工具复制的结果将出现在同一图层。

（2）没有选区时使用移动工具复制的结果会出现在不同图层。

8. 均匀分布的鸭群效果

内容：打开图像文件"练习 2-4.psd"，先将 4 只小鸭顶对齐，然后按左分布，最后保存。

提示：

图层编组后，使用移动工具的对齐和分布功能。

9. 简单图案效果

内容：新建一个名为"简单图案.psd"的标准图像文件，参考样图 2-14 完成效果图。

提示：

（1）使用选区运算搭配定位辅助工具

（2）使用移动工具的分布、对齐功能。

图 2-14　简单图案

视频 2-13　简单图案效果

10. 五角星效果

内容：新建一个 96 ppi，400 px × 400 px 的图像文件"练习 2-5.psd"，绘制五角星。

提示：

（1）打开标尺，使用参考线确定图像的中心位置。

（2）在中心的右下方创建一个矩形，并以矩形的左上角为旋转中心逆时针旋转 36°。

(3) 打开视图I对齐，使用多边形套索工具，绘制三角形。

(4) 新建图层 1，设置前景色为正红色，填充三角形。

(5) 复制图层 1 创建图层 1 副本，垂直翻转图像。

(6) 设置前景色为暗红色(R：205，G：0，B：0)，填充三角形。

(7) 移动并合并图层 1 和图层 1 副本，得到五角星的一个菱形角。

视频 2-14　五角星效果

(8) Ctrl+E 合并图层 1 和图层 1 副本为图层 1。

(9) 复制图层 1 创建图层 1 副本，顺时针旋转 72° 拼接。重复此操作直至得到完整的五角星。

第 3 章　创建和修改选区

几乎所有关于图像的操作都要先创建选区以确定要处理的像素群。若没有给定选区，所执行的操作可能会默认在整个图像范围内执行。通常用选区工具创建选区，然后根据需要对选区进行修改。

3.1　选 区 工 具

选区工具是工具箱中使用最频繁的工具，它包括三组工具：规则选区工作组、套索工具组、快速选择工具组。在工具箱中单击工具图标表示选中该工具，在工具箱中带黑色小三角的图标上单击鼠标右键，可打开该组工具并查看该组中所有工具。

3.1.1　规则选区工具

规则选区工具用于创建形状规则的选区，该工具组包括矩形选框工具、椭圆选框工具、单行选框工具和单列选框工具，它们的工具属性非常相似。

1．各工具的作用

- 矩形选框工具用于创建各种尺寸的矩形选区。
- 椭圆选框工具用于创建各种尺寸的椭圆形选区。
- 单行选框工具用于创建以图像宽度为宽度值，以一个像素为高度值的特殊矩形选区。
- 单列选框工具用于创建以一个像素为宽度值，以图像宽度为宽度值的特殊矩形选区。

2．两种选区

在 Photoshop 中创建的选区根据其性质不同，可以分为标准选区和羽化选区。在填充像素时，前者有明显的像素边界，而后者呈现出一种逐渐消失的不明显边界。如图 3-1 所示，图中虚线是所创建的选区。

图 3-1　标准选区(左)与羽化选区(右)

视频 3-1　两种选区

3. 组合键

选中工具箱中的矩形选框工具后按住 Shift 键，可以创建正方形。同样，选中工具箱中的椭圆选框工具后按住 Shift 键，可以创建正圆。若不是按住 Shift 键而是按住 Alt 键，可以把鼠标光标位置做为选区中心来创建选区。

4. 设置选区运算

任意选择一种规则选区工具，其工具属性栏的左侧有四个代表不同选区运算的小按钮，从左到右分别是"新选区"、"添加到选区"、"从选区减去"和"与选区交叉"。

(1) "新选区"按钮有效时，可以在当前图像窗口中创建选区，若图像窗口中原来已经存在选区，则用新选区取代原来的选区，并且只有在"新选区"按钮有效时，才可实现移动选区的操作。

(2) "添加到选区"按钮有效时，可以在当前图像窗口中创建选区，若图像窗口中原来已经存在选区，则可使新选区添加到原来的选区中。"从选区减去"按钮有效时，可以在当前图像窗口中创建选区，若图像窗口中原来已经存在选区，则把新选区从原来的选区中刨除。"与选区交叉"按钮有效时，可以在当前图像窗口中创建选区，若图像窗口中原来已经存在选区，则只保留新选区与原来选区交叠的部分作为结果选区。

5. 设置选区样式

选择矩形选框工具或椭圆选框工具时，对应的工具属性栏的"样式"可用于设置所创建选区的形状属性。"正常"选项表示可以创建不同大小和形状的选区；"固定长宽比"选项可以设置选区宽度和高度之间的比例，并可在其右侧的"宽度"和"高度"文本框中输入具体的数值，如可通过设置创建一个 60 px × 60 px 的正方形选区。

6. 移动选区

当且仅当位于"新选区"运算时，将鼠标光标移动到已有选区中，按住鼠标左键拖曳，可实现选区的移动。

7. 取消选区

当位于"新选区"运算时，将鼠标光标移动到非选区区域后单击左键即可取消已有选区，或直接按下 Ctrl+D 组合键。

3.1.2　套索工具

套索工具用于创建不规则选区。

1. 套索工具

套索工具也称自由套索工具，用其创建的选区质量与对鼠标的控制能力成正比。通常情况下运用套索工具虽然可以创建任意形状的选区，但选区都不太精确。

2. 多边形套索工具

多边形套索工具通过单击鼠标左键创建锚点固定线条来实现在当前图像窗口中创建以直线为主要边界的不规则选区。若创建过程中出现错误的锚点时，可使用 Delete 键及时删除错误锚点。使用多边形套索工具可以创建非常精确的多边形选区。

3. 磁性套索工具

磁性套索以像素颜色为依托，随鼠标光标沿着图像的边缘运动时，自动定位色块边界来获得选区。磁性套索工具适用于背景对比强烈且边缘复杂的图像。磁性套索工具可以通过以下选项来设置：

(1) 宽度：用于设置使用磁性套索工具选取对象时可检测的宽度，取值在 1～40，值越小选取的范围越精确。

(2) 频率：用于设置磁性套索工具建立选区过程中生成的定位点数目，值越大点越多。

(3) 对比度：用于设置磁性套索工具对图像边缘的灵敏度，即对边缘反差的感知程度。值越大要求的颜色反差越大，若要选取的对象与周围像素颜色对比不明显，则应该使用较低的数值。

(4) 使用绘图板压力以更改钢笔宽度：按钮用于设置绘图板的笔刷压力，单击此按钮套索的宽度会变细。

3.1.3 快速选择工具

快速选择工具组中各工具均以像素颜色为选区创建的依据。

1. 快速选择工具

快速选择工具以可调整的圆形画笔为颜色感知单位，自动寻找并跟随图像中的边界扩展建立相应的选区。

2. 魔棒工具

魔棒工具通过鼠标单击来选择指定范围内与被单击像素"一致"的所有像素，不用像快速选择工具一样跟踪轮廓。所谓"一致"，由魔棒工具对应的工具属性栏上的"容差"值来决定，容差的取值范围是 0～255，容差值越大，Photoshop 挑选出来的与被单击像素"一致"的像素就越多，被选中的像素与被单击像素的差异也越大，对应创建的选区也越大。除了容差选项的设置外，魔棒工具还可以对下面的内容进行设置。

(1) 消除锯齿：创建较平滑边缘选区。

(2) 连续：只选择使用相同颜色的邻近区域。

(3) 对所有图层取样：使用所有可见图层中的数据选择颜色。不使用"对所有图层取样"，魔棒工具将只从现用图层中选择颜色。

3.2 选 择 菜 单

选择菜单中的操作集完全针对在图像窗口中创建的各种选区。

3.2.1 选区的基本编辑命令

选区的基本编辑命令是对选区的最常规操作，包含以下几种：

(1) 全部：该命令将选中当前图层的所有区域。快捷键是 Ctrl+A 组合键。

(2) 取消选择：该命令将取消当前图像窗口中所创建的所有选区。快捷键是 Ctrl+D 组合键。

(3) 重新选择：该命令只在"取消选择"命令执行过后才可使用。快捷键是 Ctrl+Shift+D 组合键。

(4) 反向：该命令用于将已创建的选区和非选区进行对调，使原来的非选区变成选区，原来的选区变成非选区。快捷键是 Ctrl+Shift+I 组合键。

3.2.2　色彩范围

执行"选择"菜单的"色彩范围"命令可以打开"色彩范围"对话框，如图 3-2 所示。

视频 3-2　色彩范围

图 3-2　"色彩范围"对话框

"色彩范围"将根据与选取像素颜色的相似程度，在图像中提取相似的颜色区域以生成选区。该命令与魔棒工具类似，但由于其选项更多，所以使用起来比魔棒更灵活，它可根据命令选项的设置要求，按照图像中颜色的分布特点自动生成选区。

3.2.3　修改和编辑选区

选区创建后，为使图像的编辑更为准确精细，通常还需对选区进行编辑。选区的修改和编辑可多次进行，直到选区的效果满意为止。Photoshop 在选择菜单中提供了多种操作来实现选区的修改和编辑。

1．调整边缘

调整边缘对话框可从多个途径开启，如使用套索工具的工具属性栏，或直接从选择菜单中选中"调整边缘"菜单项，也可以直接使用 Ctrl+Alt+R 组合键。在"调整边缘"对话框中，通过设置以下选项可以实现对选区的调整，如图 3-3 所示。

(1) 半径：用于设置可调整选区与被选图像真实边缘之间的距离带，数值越大可调整的范围越大，选区可能会更加精确地靠近所选图像的真实边缘。

(2) 对比度：用于调整边缘的虚化程度，数值越大边缘越锐利。

(3) 平滑：用于打磨选区边缘，减少锯齿。

(4) 羽化：用于柔化选区或模糊边缘，得到羽化选区。

图 3-3　"调整边缘"对话框

视频 3-3　调整边缘

（5）移动边缘：用于沿原选区形状收缩/扩展选区大小。不移动时值为 0%，正值表示放大选区，负值表示缩小选区。

（6）视图：视图的下拉列表中提供了 7 种不同形式的预览效果，为用户在不同的图像背景和颜色环境下编辑图像提供了视觉便利。

（7）输出：允许将所创建的选区以 6 种不同形式进行显示。

2．修改选区

"选择"菜单的"修改"子菜单用于修改和编辑图像窗口中已经创建好的选区。

视频 3-4　修改子菜单

（1）边界：用于在原选区的基础上向内外两侧进行扩展，得到带状选区。无论原来的选区是标准选区还是羽化选区，经过"边界"操作后的带状选区一定是羽化选区。

（2）平滑：用于消除选区边缘的锯齿，使其变光滑。"平滑"操作不会改变选区性质，但能将选区的棱角按设置的取样半径打磨成圆角。

（3）扩展：用于扩大原选区的范围。"扩展"操作不会改变选区性质，但在将选区沿原形状扩大时，选区中的棱角会被平滑处理。

（4）收缩：将选区沿原形状缩小，而不会改变选区性质。

（5）羽化：通过扩展原选区轮廓周围的像素区域，将选区性质强制转换为羽化选区。

3．扩大选取与选取相似

"选择"菜单的"扩大选取"命令用于将当前图层中所有与选区内像素相连且颜色相近的像素添加到选区中。

"选择"菜单的"选取相似"命令用于将当前图层中与选区内像素颜色相近的所有像素添加到选区中。

要注意的是，"扩大选取"与"选取相似"命令均只能作用于当前图层。

3.2.4　变换选区

"选择"菜单中的"变换选区"命令可以对图像窗口中的已有选区进行变形。这种选区变换与选区内的像素没有任何关系，像素不会发生任何变化，即利用"变换选区"命令可以直接改变选区的形状，而不会对选区的内容进行更改。

执行"变换选区"命令后，在选区周围会出现一个带锚点的定界框，如图 3-4 所示。通过调整工具属性栏上的各个设置项，或直接拖动定界框线和锚点即可实现选区变形。

视频 3-5　变换选区

图 3-4　"变换选区"状态

在用鼠标拖动对选区进行变形时，可以搭配键盘上的功能键进行操作。搭配 Ctrl 键使用，可拖动锚点到任一位置。搭配 Shift 键使用，拖动位于定界框顶点的锚点，可产生等比例缩放的变换。搭配 Alt 键使用，拖动位于定界框上的锚点，可产生以选区中心为缩放中心的缩放变换和对称变换。同时按住 Ctrl+Alt+Shift 组合键，拖动位于定界框顶点的锚点，可产生透视变换。

3.2.5　存储与载入选区

复杂或特殊选区的创建通常是费时费力的，为了以后再次使用时方便，可以把这些复杂或特殊的选区用"存储选区"命令保存起来。存储选区时弹出的"存储选区"对话框，如图 3-5 所示。

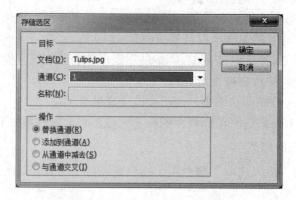

图 3-5　"存储选区"对话框

当"存储选区"对话框中的"通道"选项选择了一个已经存在的 Alpha 通道时，原来的"新建通道"选项会被"替换通道"所代替，操作区中所有选项会被激活，操作选项有以下四种：

(1) 替换通道：使用当前选区替换原来通道中存储的选区内容。

(2) 添加到通道：在原来通道存储的选区效果基础上添加当前选区效果，即该通道中将存储两个选择区域叠加后的选区效果。

(3) 从通道中减去：在原来通道存储的选区效果基础上击除当前选区效果，即该通道中将存储两个选择区域相减后的选区效果。

(4) 与通道交叉：将当前选区与原通道选区的交叠部分作为新通道存储的选区效果。

当需要使用这些保存过的复杂或特殊选区时，通过"载入选区"命令即可将所保存的选区按载入时设置的操作要求重新显示在当前图像窗口中。载入选区时弹出的"载入选区"对话框，如图 3-6 所示。

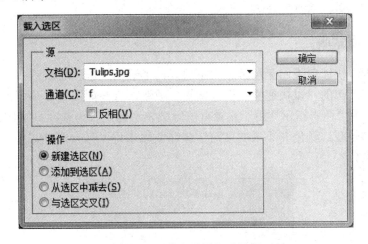

图 3-6　"载入选区"对话框

3.3　快速蒙版

3.3.1　快速蒙版简介

快速蒙版作为一个创建和编辑选区的临时环境，是获得复杂选区的强大辅助工具之一。

单击工具箱下部的"以快速蒙版模式编辑"按钮，或勾选"选择"菜单的"在快速蒙版模式下编辑"，即可进入快速蒙版模式。要注意的是，若进入快速蒙版时，当前图像窗口中并不存在选区，则系统默认为全选状态进入快速蒙版。图 3-7 所示为快速蒙版编辑状态。

单击工具箱下部的"以标准模式编辑"按钮，或取消勾选"选择"菜单的"在快速蒙版模式下编辑"选项，即可退出快速蒙版编辑状态，同时将快速蒙版所对应表示的选区作用到当前图像中。要注意的是，退出快速蒙版时，无论其对应的选区是否能显示在图像窗口中，其选区效果一定会被作用到当前图像上。

视频 3-6　快速蒙版

图 3-7　快速蒙版编辑状态

3.3.2　设置快速蒙版

默认情况下，快速蒙版用无色区域表示选区，半透明红色区域表示非选区。

双击工具箱下部的"以快速蒙版模式编辑"按钮，打开如图 3-8 所示的"快速蒙版选项"对话框。其中"色彩指示"用于设置有色区域表示的是否为选区；"颜色"则用于设置蒙版有色区域的外观。颜色和不透明度对于快速蒙版来说，只会影响其外观，不会影响所对应的选区效果。

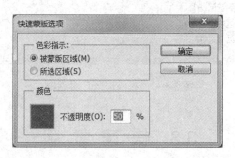

图 3-8　"快速蒙版选项"对话框

3.3.3　编辑快速蒙版

快速蒙版是由指定蒙版色的 256 个色阶构成的一幅特殊栅格图像，所以进入快速蒙版模式后，可用各种适用于像素的工具对其进行图像编辑，以获得所期望的选区效果。在快速蒙版中，只允许出现蒙版色和非蒙版色，换句话来说，蒙版图像的本质是一幅灰度图，它只允许出现 256 种不同程度的灰色，其中最暗的灰色就是黑色，最亮的灰色就是白色。

若使用画笔工具在蒙版中绘制黑色，默认情况下将会增加蒙版色，即缩减选区；若用白色在蒙版中绘制，则会增加无色区域，即增补选区；若使用其他任何非黑白色的颜色在蒙版中绘制，等价于使用与该彩色色调相对应的灰色在蒙版中绘制，这会增加蒙版图像中的半透明蒙版色，即创建出半透明的选区。灰度不同，绘制出的半透明蒙版色不同，对应出的选区透明度也就各不相同。此外，绘制时画笔的边界性质对于选区的羽化或消除锯齿也是有效的。

3.3.4　存储快速蒙版

存储快速蒙版本质上是存储由快速蒙版获得的选区，因此任何一种存储选区的方式都可以实现快速蒙版效果的存储。例如，在快速蒙版编辑状态下，直接在通道面板中复制对应的"快速蒙版"通道。

3.4　课堂示例及练习

1. 绘制太极图

内容：新建一个名为"太极图.psd"的标准图像文件，制作如图 3-9 所示的效果图。

提示：

(1) 使用规则选区工具，注意利用选区运算获得特殊形状的选区。

(2) 可搭配定位工具等辅助工具进行操作。

视频 3-7　绘制太极图效果

图 3-9　太极图参考效果

2. 绘制七巧板

内容：新建一个名为"七巧板.psd"的标准图像文件，制作如图 3-10 所示的效果图。

提示：

(1) 使用规则选区工具或套索工具。

(2) 可搭配定位工具等辅助工具进行操作。

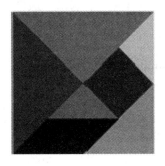

视频 3-8　七巧板效果

图 3-10　七巧板参考效果

3. 抠图

内容：新建一个名为"人偶抠图.psd"的标准图像文件，抠取素材 3-1.jpg 中的人偶，将不同人偶分离出来后单独放在"人偶抠图.psd"的不同图层上。

提示：

(1) 多种选区工具搭配使用。

(2) 注意选区运算和选区调整。

4. 换天空

内容：新建一个名为"换背景.psd"的标准图像文件，将素材 3-2.jpg 中的天空换成素材 3-3.jpg 中的天空效果。

提示：

(1) 选择合适的选区工具。

(2) 注意更换天空效果后整体的合理性。

视频 3-9　换天空效果

5. 玻璃盒

内容：新建一个名为"玻璃盒.psd"的标准图像文件，将练习 1 中分离出的人偶放到素材 3-5.jpg 的玻璃盒子中。参考效果如图 3-11 所示。

提示：

(1) 使用快速蒙版创建半透明选区。

(2) 使用自由变换命令调整人偶与盒子的大小。

(3) 使用移动工具调整人偶与盒子的相对位置。

(4) 合理安排图层顺序减少工作量。

视频 3-10　玻璃盒效果

图 3-11　玻璃盒参考效果

6. 手机换屏

内容：自选一幅背景素材图，为素材 3-4.jpg 中的手机屏幕更换显示效果。

提示：

(1) 选区工具的搭配使用。

(2) 注意边界细节的处理。

视频 3-11　手机换屏效果

第 4 章　绘图工具

在 Photoshop 工具中，所有能产生和修饰像素的工具都可以称为绘图工具。

4.1　基本绘图工具

基本绘图工具包括了画笔工具组、填充工具组和橡皮擦工具组。其中，前两个工作组用于产生像素，而橡皮擦工具组则用于清除像素。

4.1.1　画笔工具组

使用鼠标右键单击工具箱中的画笔工具按钮，可以打开画笔工具组工具列表。如图 4-1 所示，画笔工具组包括：画笔工具、铅笔工具、颜色替换工具和混合器画笔工具。其中，画笔工具和铅笔工具是 Photoshop 中最重要的两种绘图工具，前者用于绘制软边界像素群，后者用于绘制硬边界像素群。

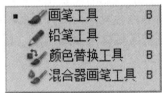

图 4-1　画笔工具组工具列表

视频 4-1　画笔软边界与铅笔硬边界

1. 画笔工具

画笔工具默认使用 Photoshop 当前的前景色来绘制边界柔软的图像，即使将画笔笔尖的硬度设置为 100%，绘制出的图像边缘依旧柔和，没有锋利之感。

画笔工具可搭配键盘上的 Shift 键来绘制各种直线。选中画笔工具后在当前图层中单击鼠标左键，然后按住 Shift 键在该图层的其他位置再次单击鼠标左键，Photoshop 会在两次单击的位置间自动创建一条用指定画笔绘制的直线；若先按住 Shift 键，然后使用鼠标拖动，则可绘制水平直线或垂直直线。

在工具属性设置上，除了要设置画笔的硬度，笔触也是必须设置的内容，笔触是指画笔的大小和形状。此外，常见的画笔设置还有不透明度、流量和模式等其他选项，不透明度用于定义绘图时的透明效果；流量用于定义绘图时笔墨的扩散速度，搭配喷枪使用时用于定义喷枪力度，喷枪区别于画笔，当流量小于 100% 时，喷枪停留在同一位置流量会叠加直至 100%；模式是指新增加的颜色与原有颜色的混合方式，通常分为六组共 29 个不同模式。

1) 正常模式

正常模式中新绘制像素会完全覆盖和取代原来同位置上的像素，结果色为新像素的颜色。

2) 溶解模式

新绘制像素群覆盖原来同位置上像素区域时，溶解模式会根据新增像素的不透明度以随机的方式重新排列编辑图像，创建点状喷雾式的图像效果。新增像素群的不透明度越低，混合后绘制区域中显示的新增像素点越稀疏分散。

3) 背后模式

在背后模式中新绘制像素仅限于在当前图层的透明区域内显示，就像在当前像素群的下方进行绘图。

4) 清除模式

清除模式的效果类似于使用橡皮擦。绘制时使用的图像颜色是什么并不重要，重要的是工具属性栏上"不透明度"的设置，它决定了绘制区域内的像素群是否完全被删除。不透明度值越高，删除效果越明显。

5) 变暗模式

变暗模式可将两个图层对应的像素点进行对比，留下暗的像素点。

6) 正片叠底模式

正片叠底模式根据新绘制像素颜色与原来像素群的颜色的比较结果，产生加深像素结果颜色的作用，所以最终结果像素的亮度变暗，而颜色会变深。当使用各种灰色绘图时，纯白部分绘制的区域保持原样不变，纯黑部分绘制的区域完全变成黑色，其他灰色绘制的区域根据颜色明暗度产生对应的半透明式变暗效果。

7) 颜色加深模式

根据新绘制像素颜色与原来像素群的颜色的比较结果，产生增加像素对比度的作用，所以使用颜色加深模式的最终结果颜色也可能会变的比较深。和正片叠底的不同之处在于颜色加深模式中可保留当前图像中的白色区域。

8) 线性加深模式

线性加深模式根据新绘制像素颜色与原来像素群的颜色的比较结果，产生既加深像素结果色又增加像素对比度的作用。线性加深模式相当于正片叠底+颜色加深，产生的加深对比效果更强烈。

9) 深色模式

深色模式将从基色和混合色中选取最小的通道值来创建结果色，即通过比较新绘制像素颜色与原来像素群的颜色的所有通道值的总和，显示通道值较小的颜色作为结果色。深色模式不会生成新的第三种颜色。

10) 变亮模式

变亮模式根据新绘制像素颜色与原来像素群的颜色的比较结果，取其中颜色比较亮的像素保留。当新绘制像素色比当前图层上原有的像素色更暗更深时，原像素被保留。此模式适合制作光晕或反光的效果。

11) 滤色模式

此模式和正片叠底正好相反，它根据新绘制像素颜色与原来像素群的颜色的比较结果产生变亮的作用效果，所以亮度会提高，颜色会变浅。

12) 颜色减淡模式

颜色减淡模式根据新绘制像素颜色与原来像素群的颜色的比较结果，产生减小像素对比度的作用，所以最终结果像素的亮度变亮，而颜色也会变的比较浅。

13) 线性减淡模式

线性减淡模式相当于正片叠底+颜色加深，对原图中的暗调区域影响更直接。

14) 浅色模式

浅色模式将从基色和混合色中选取最大的通道值来创建结果色，即通过比较新绘制像素颜色与原来像素群的颜色的所有通道值的总和，显示通道值较大的颜色作为结果色。浅色模式与深色模式一样也不会生成新的第三种颜色。

15) 叠加模式

在原图中的高光、中间调和暗调区域中，分别混合新绘制像素颜色与原来像素群的颜色，以加强对比度和提高饱和度。该模式可以让图像暗调区域加深，或亮调区域增亮。

16) 柔光模式

柔光模式可产生比叠加模式或强光模式更为精细的效果。当新增像素亮度超过标准灰亮度时，混合后的结果色会变暗，反之则结果色变亮。

17) 强光模式

此模式是柔光模式的增强版，同样可以使颜色加深或增亮。区别在于强光模式能产生纯黑色或纯白色，而柔光模式则不可能新产生黑白色。

18) 亮光模式

当新增像素亮度超过标准灰亮度时，亮光模式以颜色加深模式进行颜色混合，图像变暗；当新增像素亮度低于标准灰亮度时，以颜色减淡模式混合，图像变亮。

19) 线性光模式

当新增像素亮度超过标准灰亮度时，线性光模式以线性加深模式进行颜色混合，图像变暗；当新增像素亮度低于标准灰亮度时，以线性减淡模式混合，图像变亮。

20) 点光模式

在此模式中当新增像素亮度超过标准灰亮度时，原图像被绘制区域内比当前新增像素亮度低的像素将被代替，比当前新增像素亮度高的像素不变；当新增像素亮度低于标准灰亮度时，原图像被绘制区域内比当前新增像素亮度高的像素将被代替，比当前新增像素亮度低的像素不变。

21) 实色混合模式

在此模式中新增像素颜色与原图像被绘制区域内像素颜色，按各自原色分量数值各自相加，当相加的颜色分量数值大于存在于颜色中各分量数值所出现的最大值，混合后像素颜色的该分量数值就为最大值；当相加的颜色分量数值小于存在于颜色中各分量数值所出现的最大值，混合后像素颜色的该分量数值为 0；当相加的颜色分量数值等于存在于颜色中各分量数值所出现的最大值，混合后像素颜色的该分量数值由原图像被绘制区域内的像素颜色决定。实色混合能产生颜色较少、边缘较硬的图像效果。

22) 差值模式

差值模式根据新增像素颜色的亮度来对调被覆盖或取代的像素图像的颜色。若在图像中绘制白色区域，会使图像产生反相的效果；若在图像中绘制黑色区域则保持原图像；若在图像中绘制介于白色和黑色之间的某种灰色，则可根据对应的色彩分别进行不同程度的反相处理。

23) 排除模式

此模式的处理方式与差值模式类似，但对比度更低，它们的不同之处是排除模式会将新绘制的像素颜色中亮度中等的颜色所对应位置上原来的像素直接变成灰色。

24) 减去模式

减去模式是将新增像素与原图像被绘制区域内相对应的像素提取出来并将它们的颜色相减。

25) 划分模式

此模式中原图像被绘制区域内的像素会相应减去占新增像素颜色同等纯度的该颜色，新增像素颜色的亮度不同，被减去区域图像亮度也不同。新增像素颜色越亮，原图像被绘制区域亮度变化就会越小，新增像素颜色越暗，原图像被绘制区域就会越亮。若使用白色进行绘制，原图像完全不会发生变换；若使用黑色进行绘制，原图像被绘制区域内只会保留着颜色模式中的基本色：红、绿、蓝、靛青、品黄、洋红、黑色和白色。

26) 色相模式

此模式会保留新像素颜色的色相，然后与原图像被绘制区域像素的颜色饱和度、亮度进行混合。色相模式适合于修改彩色图像的颜色，该模式可将期望的颜色应用到原图像中并保持原图像的亮度和饱和度。

27) 饱和度模式

此模式会保留新像素颜色的饱和度，然后与原图像被绘制区域像素的亮度进行混合。通常用此模式将图像的某些区域变为灰度图效果。

28) 颜色模式

此模式会保留新像素颜色的色相和饱和度，然后与原图像被绘制区域像素颜色的亮度进行混合。

29) 明度模式

明度模式会保留新像素颜色的亮度，然后与原图像被绘制区域像素颜色的色相、饱和度进行混合。

在画笔工具的设置中，还有一个容易被忽略但其实非常重要的综合设置按钮，单击该按钮可打开如图 4-2 所示的"画笔"面板，在"画笔"面板中可以对已有画笔进行外观的综合设置。

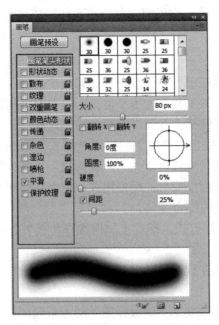

图 4-2 "画笔"面板

(1) 画笔预设：用于显示已经设置好的画笔，可查看和修改画笔形状和大小。

(2) 画笔笔尖形状：用于设置选中画笔的大小、角度、间距等细节。

(3) 形状动态：用于设置画笔的大小和粗细、颜色和透明度以及笔尖形状等动态的持续变化过程。

(4) 散布：用于确定绘制的线条中画笔笔尖的数量与位置关系。

(5) 纹理：用于为指定画笔添加纹理效果，以模仿在某种介质上绘图的效果。

(6) 双重画笔：用于设置同时使用两种笔尖叠加的效果进行绘图。

(7) 颜色动态：用于确定在绘制线条的过程中颜色的变化形式。

(8) 传递：用于设置绘制线条时不透明度和流量的动态变化效果。

(9) 杂色：用于为画笔添加自由的随机效果，对柔边界或不透明度小于 100% 的边缘像素效果尤其明显。

(10) 湿边：用于为画笔添加水彩效果。

(11) 喷枪：与工具属性栏类似，是一种特殊的画笔。

(12) 平滑：促使绘图时尽量产生流畅线条。

(13) 保护纹理：对选用的所有画笔使用相同的纹理图案和缩放比例。

2. 铅笔工具

铅笔工具默认使用 Photoshop 当前的前景色来绘制边界锐利的图像，即使将铅笔的笔尖硬度设置为 0%，绘制出的图像边缘依旧清晰。

铅笔工具的操作与画笔工具非常相似。在铅笔工具的工具属性栏上有一个"自动抹掉"复选框，用于设置使用铅笔的过程中，铅笔是用 Photoshop 的前景色绘图还是用背景色绘图。Photoshop 默认是不勾选"自动抹掉"复选框的，如果没有勾选该复选框，铅笔工具默认使用 Photoshop 前景色进行绘图；如果勾选了该复选框，一旦铅笔起点所在位置的颜色与当前 Photoshop 前景色一致，则铅笔工具会自动切换成用背景色作为本次铅笔绘图操作所使用的颜色。

3. 颜色替换工具

使用颜色替换工具可以在保留图形纹理和阴影不变的情况下，将选定区域中特定的颜色替换为新的指定颜色，但该工具不能用于位图、索引或多通道模式的图像。

颜色替换工具的工具属性栏上有四个需要关注的选项：

(1) 模式：用于设置新颜色与替换色间的混合模式。根据替换效果的侧重点不同，颜色替换工具的颜色混合模式只有四种形式：色相模式，更关注结果色的颜色变化；饱和度模式，更关注结果色的鲜艳程度变化；明度模式，更关注结果色的明暗程度；颜色模式，更关注结果色颜色和饱和度的综合变化。

(2) 取样：用于确定采样方式，即设置如何选择将被替换的像素的方法。取样方法有以下几种：

① 一次取样：按下鼠标左键选定的像素颜色即为放开鼠标左键前光标划过区域中要被替换的颜色。

② 连续取样：按下鼠标左键后，随鼠标拖动动态采选鼠标光标所在位置的像素颜色作为要被替换的颜色。

③ 背景色板取样：用 Photoshop 当前的前景色替换图像中按下鼠标左键后光标划过的区域中与当前 Photoshop 的背景色类似的像素颜色。

(3) 限制：用于确定替换方式，即设置笔尖绘制区域内与采样颜色有指定关系的像素中哪些需要真正被替换。

① 连续：替换鼠标光标划过的区域中与选定样本类似且相互连续的像素的颜色。

② 不连续：替换鼠标光标划过的区域中所有与选定样本类似的像素的颜色。

③ 查找边缘：替换鼠标光标划过的区域中与选定样本类似且相互连续的像素的颜色，同时保留邻近色块的边缘。

(4) 容差：取值范围在 1～100 之间，值越小与指定色越相近，选中像素的颜色差异越小。

4. 混合器画笔工具

混合器画笔工具是较为专业的绘画工具，通过 Photoshop 属性栏的设置可以调节笔触的颜色、潮湿度、混合颜色等，可以绘制出更为细腻逼真的手绘效果图。混合器画笔的选项如下：

(1) 显示前景色颜色：点击右侧三角可以载入画笔、清理画笔、只载入纯色。

(2) 每次描边后载入画笔：控制每一笔涂抹结束后对画笔是否更新。

(3) 每次描边后清理画笔：控制每一笔涂抹结束后对画笔是否清理，用于模拟画家在绘画时一笔过后是否将画笔在水中进行清洗的动作。

(4) 混合画笔组合：提供多种预设的画笔组合，包括干燥、湿润、潮湿和非常潮湿等。在"有用的混合画笔组合"下拉列表中可直接选择混合画笔，同时右边的四个选择数值会自动改变为预设值。

要注意"干燥"和"湿润"两种绘画区别。画笔成沾了水的笔头，越湿的笔头，就越能将画布上的颜色化开。另一个对颜色有较强影响的是混合值，混合值高，画笔原来的颜色就会越浅，从画布上取得的颜色就会越深。

(5) 潮湿：用于设置从画布拾取的油彩量。就像是给颜料加水，设置的值越大，画在画布上的色彩越淡。

(6) 载入：用于设置画笔上的油彩量。

(7) 混合：用于设置描边的多种颜色的混合比例。当潮湿为 0%时，该选项不能用。

(8) 流量：用于设置描边的流动速率。

(9) 启用喷枪模式：当画笔在一个固定的位置一直描绘时，画笔会像喷枪一直喷出颜色。如果不启用喷枪模式，则画笔只描绘一下就停止流出颜色。

(10) 对所有图层取样：无论文件有多少图层，当勾选此项时将所有图层将作为一个单独的合并图层看待。

(11) 绘图板压力控制大小：当用户选择普通画笔时可以选择此选项，此时用户可以用绘图板来控制画笔的压力。

4.1.2　填充工具组

填充工具组多用于快速产生大面积的像素群，它包括油漆桶工具和渐变工具。

1．油漆桶工具

油漆桶工具可以在选定区域内填充前景色或图案。选定区域不一定是图像窗口中已经给出的选区，油漆桶工具在图像窗口中单击的瞬间将获得一个样本色，即被单击像素点的颜色，根据此样本色及所设置的容差来确定油漆桶工具的作用范围。容差即容许选中像素颜色的存在差异的程度，用于设置与单击选中的像素(样本色)颜色相似的像素(选中色)的选取范围。容差值越小，选中色与样本色越相近，反之则相差越大。通常情况下，设置的容差值越大，油漆桶工具的可作用范围就越大。

油漆桶工具默认向选区中填充前景色，若要填充图案可在工具属性栏中进行设置。一旦选择填充图案，其选项右侧将激活图案下拉列表框，可从中选择需要的图案。

配合使用键盘上的 Alt+Del 组合键可以无视样本，在选区内直接填充 Photoshop 前景色；配合使用键盘上的 Ctrl+Del 组合键可以无视样本，在选区内直接填充 Photoshop 背景色；

2．渐变工具

渐变工具在填充颜色时可以把多种颜色排列摆放在一起，并且让邻近的颜色间相互融合形成平稳过渡，可以表达出从一种颜色到另一种颜色的变化，或表达出同一色调由浅到深、由深到浅的变化。

渐变类型包括"线性渐变"、"径向渐变"、"角度渐变"、"对称渐变"、"菱形渐变"。

透明区域复选框决定了能否允许渐变中出现透明区域。

渐变展示区█▒▒包括渐变展示部分和下三角部分。单击下三角可以打开"渐变拾色器"，从 Photoshop 预先载入的渐变列表中选择需要的渐变。单击渐变展示部分则可打开如图 4-3 所示的渐变编辑器，在编辑器中可以设置渐变的各种特征属性，完成时已有渐变的修改或实现新渐变的创建。

视频 4-2 渐变工具

图 4-3 渐变编辑器

渐变编辑器中各选项如下：

(1) 预设：以列表形式给出预先载入到 Photoshop 中可以直接使用的所有渐变。

(2) 名称：当前准备创建或修改编辑的渐变名字。

(3) 渐变类型：Photoshop 中允许使用两种不同类型的渐变，一种是实底渐变，另一种是杂色渐变。

(4) 平滑度：调整渐变的平滑度，即渐变中不同颜色间的自然过渡程度。

(5) 渐变条：渐变条包括颜色和不透明度两大部分。渐变条上方的色标用于控制特定位置的不透明度；渐变条下方的色标用于控制特定位置的颜色。在渐变条上方单击鼠标能创建"不透明度"色标，单击并拖动已存在的"不透明度"色标，可更改其设置，也可通过"色标"区域中对应选项来进行不透明度精确定位和设置；在渐变条下方单击鼠标能创建"颜色"色标，单击并拖动已存在的"颜色"色标，可更改其设置，同样也可通过"色标"区域中对应选项来进行颜色精确定位和设置。"色标"区域中的"删除"按钮用于删除对应色标。按住键盘上 Alt 键再用鼠标拖动任意一个色标，可实现对该色标的复制，即新产生的色标与被复制的色标除了位置不同其他属性完全一样。

(6) 载入：将新的.grd 渐变文件载入的到系统预设的渐变列表中备用。

(7) 存储：将当前系统的渐变列表保存成.grd 文件。

(8) 新建：将当前渐变编辑器中编辑好的渐变效果，以指定的名称追加到系统当前的渐变列表中。

4.1.3　橡皮擦工具组

橡皮擦工具组内的工具均可用于清除指定的像素。根据要清除像素的指定方式不同，橡皮擦工具分为以下三类。

1. 橡皮擦工具

橡皮擦工具默认将清除鼠标光标划过区域内所有像素。若橡皮擦工作在普通层，清除像素后的区域是透明的；若橡皮擦工作在背

视频 4-3　橡皮擦工具

景层，则清除像素后的区域系统将会自动填充当前的背景色。

橡皮擦工具属性栏与画笔工具的属性栏非常相似，各个选项的含义也基本相同。但要注意的是，在橡皮擦工具的属性栏上的"模式"选项并非是颜色模式，而是橡皮擦的形状。橡皮擦的形状有三种类型可以选择，包括画笔、铅笔和块。此外，橡皮擦工具还比画笔工具多了一个"抹到历史记录"复选框，它决定是否把橡皮擦工具当成历史记录画笔使用。

2．背景橡皮擦工具

背景橡皮擦工具能确保清除像素后的区域是透明的，并将最后擦除的像素颜色作为 Photoshop 当前的背景色保留下来。

背景橡皮擦的工具属性栏与橡皮擦工具不同，它更类似于颜色替换工具的设置选项。"取样"用于设置采样方式以获得作为擦除依据的指定像素；"容差"用于设置所擦除的像素与样本像素的相似程度。在样本像素不变的情况下，容差值越大，可擦除的像素越多，被擦除的区域越大；"限制"选项用于限定所擦除的像素与样本像素的位置关系；"保护前景色"复选框用于设置在擦除过程中与 Photoshop 当前的前景色颜色完全相同的像素是否保持不变。

3．魔术橡皮擦工具

魔术橡皮擦的效果相当于魔棒与 Delete 清除键搭配使用的效果，它可以清除图像中与样本像素颜色相似的像素群。

4.2 修 饰 工 具

图像的修饰包括了对图像的还原、修补、模糊或锐化、加深或减淡等一系列操作。

4.2.1 历史记录画笔工具组

历史记录画笔工具组是一组与历史记录面板密切相关的图像还原工具，它包括历史记录画笔工具和历史记录艺术画笔工具。

这两种历史画笔工具的使用效果由历史记录面板中设置的恢复源决定。恢复源在历史记录面板上显示为一支历史记录画笔的形状，如图 4-4 所示。只有设置了合法的恢复源，才能在使用这组工具时，依据所设置的恢复源通过涂抹进行图像效果的还原。

视频 4-4　历史记录画笔工具

图 4-4　历史记录画笔工具对应的恢复源(红色线框)

1. 历史记录画笔工具

历史记录画笔工具与历史记录面板搭配使用，可以将图像编辑过程中的某个记录在历史记录面板中的图像状态进行还原。方法是将恢复源指定在历史记录面板中需要还原的记录上，然后选择历史记录画笔工具在图像中绘制，绘制区域内的图像将恢复到指定的历史记录状态。

2. 历史记录艺术画笔工具

历史记录艺术画笔工具跟历史记录画笔工具基本类似，不同的是用该工具进行涂抹还原的时候，可以加入不同的艺术风格，即在还原图像的同时按指定样式重绘出特殊的绘画效果。

在使用历史记录艺术画笔工具时，需要注意三个选项的设置：

(1) 样式：设置历史记录艺术画笔工具的笔尖形状和绘制方式。样式不同，涂抹出的形状不同。

(2) 区域：设置历史记录艺术画笔工具涂抹所覆盖的区域。区域值越大，覆盖的区域越大，涂抹的数量也越多。

(3) 容差：设置历史记录艺术画笔工具可涂抹区域与源图像之间颜色差异度。容差值为 0，可在任意处涂抹；容差值越大，可涂抹区域与源图像的颜色差异越大，恢复效果与源图像就越不相似。

4.2.2 图章工具组

图章工具组用于将样本像素添加到图像的指定目标区域，是一类常用的图像复制和修补工具。图章工具组包括了仿制图章和图案图章两个工具。

1. 仿制图章工具

仿制图章工具使用键盘键 Alt+鼠标左键单击源图像中需要进行复制的起始位置，实现仿制图章工具的取样，然后从源图像中将取样像素复制应用到同一图像，甚至是不同图像的目标区域，这里的目标区域是指仿制图章工具所绘制的区域。

仿制图章工具的工具属性栏与画笔工具的工具属性栏非常相似，如图 4-5 所示。

图 4-5 仿制图章工具属性栏

仿制图章工具特有的选项有如下四个。

(1) 对齐：勾选该选项后，源图像在复制过程中与仿制目标图像绑定，使得复制过程与鼠标的拖动次数无关，即复制过程中放开鼠标后再继续进行复制时，系统会自动对齐两图并延续原来的工作，而不会重新开始新一次的复制操作。

(2) 样本：不勾选"用于所有图层"，取样只能作用在当前图层上。

(3) 仿制源面板按钮：单击该按钮将打开如图 4-6 所示的仿制源面板，对仿制图章工具选定的仿制源进行设置。

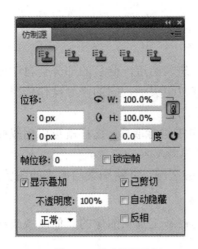

图 4-6 仿制源面板

视频 4-5 仿制图章工具

在仿制源面板中允许同时管理最多 5 个取样样本，这里的取样样本即仿制源，只能通过"仿制图章工具"或"修复画笔工具"来定义，一旦定义好了仿制源，就可以对其进行样本叠加、缩放、旋转等操作，以实现对仿制源更为灵活地调整。

(4) 忽略调整层按钮 ：按下该按钮可以在使用仿制图章工具时忽略调整图层带来的影响。

2. 图案图章工具

图案图章工具区别于仿制图章工具，它不以取样点为依据进行复制，而是以预先定义好的图案来完成目标区域的复制填充，即图案图章工具能将指定的图案复制到鼠标光标划过的区域。

使用图案图章工具进行图案复制区别于直接在目标区域中填充图案的操作，图案图章工具不仅可以实现选定图案的定点复制，还可以实现在复制图案时添加"印象派效果"。

4.2.3 修复工具组

修复工具组可以有效去除图像中的污渍、折痕等缺陷，多用于修复有瑕疵或缺憾的图像。修复工具组与图章工具组中的仿制图章工具同属修复工具，但它们又有明显差异。修复工具组工具在进行取样样本复制时，能将复制到目标区域的取样样本图像与目标区域所在图像很好地融为一体，自动保留目标区域图像原来的亮度、色调和纹理等特性。修复工具组包括了四个成员：污点修复画笔工具、修复画笔工具、修补工具和红眼工具。

1. 污点修复画笔工具

污点修复画笔用于快速去除图像中的污点或小块瑕疵，它相当于仿制图章和普通修复画笔的综合使用，不需要对图像进行任何取样，只要直接在需要修复的图像区域上进行涂抹即可完成修复。通常污点修复画笔工具搭配键盘上的左右中括号键来调节笔头大小，以快速去除图像中的"污渍"，它有三种"去污"模式：

(1) 近似匹配：指以画笔周围的像素为准，均匀覆盖达到修复图像效果。

(2) 创建纹理：指在画笔中创建一些相近的纹理来模拟图像信息以修复图像。

(3) 内容识别：指 Photoshop 自动识别画笔周围的像素以修复图像或达到去除杂点的

效果。

2．修复画笔工具

修复画笔工具也可以去除图像中的杂斑、污迹，修复的部分会自动与背景色相融合。它的使用比污点修复画笔麻烦一点，但修复更灵活，它的修复操作依据有两种形式：依据取样样本图像或依据某个系统预先载入的图案。

(1) 取样：按下 Alt 键搭配鼠标左键单击进行取样，这样就可以用取样的像素来覆盖画笔划过的像素，从而达到修复的效果。

(2) 图案：用所选图案填充画笔划过的区域，并将图案与原来的图像背景融合。

3．修补工具

当要修补的区域比较大时，可以使用修补工具从图像的其他区域或直接使用图案来修补当前选区内的图像。

使用修补工具需要先设置修补对象，即设定当前选区内的像素群是作为修补的样本源还是作为被修补的目标。设置选项如下：

(1) 源：指选区内的图像将作为被修改区域。

(2) 目标：指选区内的图像将作为被模仿的区域。

(3) 透明：用于设置在控制移动选区时，选区中的图像是否和下方图像产生透明叠加。如图 4-7 所示，左边红线框中效果是没有勾选"透明"复选框的效果，右边绿线框中是勾选了"透明"复选框的效果。

(4) 使用图案：创建选区后方可使用图案。"使用图案"操作可以把指定图案填充到选区中并与背景融合。

视频 4-6　修补工具

图 4-7　透明修补效果

4．红眼工具

当在周围环境光线较暗的地方拍照时，常常会使用闪光灯作为临时添加光照效果的工具，但闪光灯会引起视网膜反光，导致拍摄的图像中眼睛部分出现红眼现象。红眼工具可以有效消除红眼。红眼工具的属性栏有两个可设置选项：

(1) 瞳孔大小：用于设置眼睛中的暗色中心区域大小。

(2) 变暗量：用于设置眼睛中的暗色程度。

选中红眼工具，在工具属性栏上设置好选项后，即可通过在眼睛发红的部分单击左键或框选红眼区域，来快速消除红眼。

4.2.4　模糊工具组

模糊工具组的工具能够实现对图像的调焦和涂抹操作。该工具组包括：模糊工具、锐化工具和涂抹工具。

1．模糊工具

模糊工具通过降低图像中相邻像素之间的反差，使图像色块的边界变得模糊柔和。模糊工具的模糊程度由其工具属性栏上的"强度"选项控制，数值越大，模糊效果越明显。

视频 4-7　模糊工具组

选中模糊工具，设置好工具栏上各个选项后，即可通过在图像中进行绘制，实现工具光标划过区域的模糊。

2．锐化工具

锐化工具与模糊工具的工作原理正好相反，它通过提高图像中相邻像素之间的反差，使图像色块的边界变得清晰锐利。锐化工具的锐化程度由其工具属性栏上的"强度"选项控制，数值越大，锐化效果越明显。

选中锐化工具，设置好工具栏上各个选项后，即可通过在图像中进行绘制，实现工具光标划过区域的清晰化。

3．涂抹工具

涂抹工具模拟的是通过手指涂抹绘制图像的效果。涂抹工具能将取样样本与鼠标光标划过区域内的图像进行混合，即涂抹工具可以将选定的像素颜色按指定的力度进行拖移，并把拖移后的像素与图像原位置上的像素进行混合。

视频 4-8　涂抹彩飘字

涂抹工具的属性栏上"强度"选项控制着在图像中涂抹的力度大小，数值越大取样样本影响的区域越大，拖曳出的线条越长。涂抹工具默认使用取样样本进行涂抹，即使用鼠标在图像窗口中每次单击时选中的像素作为涂抹依据。若希望使用系统当前的前景色作为涂抹的依据，可勾选"手指绘画"复选框，进行手指绘画时，涂抹工具在图像窗口中的每次操作均以前景色作为初始样本色与鼠标光标划过区域的图像颜色进行混合，换言之，"手指绘画"可将系统前景色融入到图像中。

4.2.5　减淡工具组

减淡工具组用于对图像进行色调上的调整，减淡工具组包括减淡工具、加深工具和海绵工具。

1．减淡工具

减淡工具通过向图像中添加半透明白色来实现对图像进行加光处理，从而达到特定像素群的减淡效果。减淡工具的工具属性栏中有以下两个前面工具没有出现过的选项：

视频 4-9　减淡工具

(1) 范围：用于指定要进行加光处理的区域的色调。选择"暗调"，表示减淡操作主要针对图像窗口中属于暗调区域的像素产生加光效果；选择"中间调"，表示减淡操作主要针对图像窗口中属于中间色调区域的像素产生加光效果；选择"亮调"表示减淡操作主要针对图像窗口中属于亮调区域的像素产生加光效果。

(2) 曝光度：用于设置进行加光处理时光照的强度。数值越大，减淡程度越明显。

选中减淡工具，设置好工具栏上各个选项后，即可通过在图像中进行绘制，实现工具光标划过区域的加光处理。

2．加深工具

加深工具通过向图像中添加半透明黑色来实现对图像进行减光处理，达到特定像素群的加深效果。

加深工具的工具属性栏与减淡工具的属性栏一样，包括以下两个选项：

(1) 范围：用于指定要减少光线的区域的色调。选择"暗调"，表示加深操作主要针对图像窗口中属于暗调区域的像素产生减光处理；选择"中间调"，表示加深操作主要针对图像窗口中属于中间色调区域的像素产生减光处理；选择"亮调"表示加深操作主要针对图像窗口中属于亮调区域的像素产生减光处理。

(2) 曝光度：用于设置进行减光处理时添加黑色的程度。数值越大，加深程度越明显。

选中加深工具，设置好工具栏上各个选项后，即可通过在图像中进行绘制，实现工具光标划过区域的减少光线的处理。加深工具会向工具光标划过的区域中添加黑色。

3．海绵工具

海绵工具可以调整选定像素的颜色饱和度。

海绵工具的工具属性栏上的"模式"选项，当选择"降低饱和度"时，海绵工具将减少光标划过区域内各个像素颜色的饱和度；当选择"饱和"时，海绵工具将增加光标划过区域内各个像素颜色的饱和度。此外，若勾选了海绵工具的"自然饱和度"复选框，海绵工具将自动保护颜色已经饱和的像素，只修改光标划过区域内饱和度过低的像素。

4.3　课堂示例及练习

1．邮票

内容：打开素材文件 4-1.jpg 文件，利用铅笔工具完成邮票效果的制作，并将效果图保存成名为"邮票.psd"的标准图像文件。

提示：

(1) 使用变换命令保持比例缩小素材，为其制作白色宽边。

(2) 选择圆形笔尖的铅笔工具并设置画笔笔尖形状间距。

(3) 搭配铅笔工具属性栏上的"模式"为邮票打孔。

(4) 利用选区保留下期望的邮票效果。

视频 4-10　邮票效果

2．画笔画

内容：新建一个名为"画笔画.psd"的标准图像文件，参考图 4-8，利用画笔或铅笔工具绘制一幅画笔画。

提示：

(1) 根据像素群边缘特性选择画笔或铅笔工具。

(2) 通过调整画笔或铅笔的工具属性栏对绘制效果进行控制。

(3) 利用橡皮擦工具实现渐隐效果。

(4) 利用自定义画笔绘制气泡效果。

(5) 利用色彩范围处理气泡透明效果。

视频 4-11　画笔画效果

图 4-8　画笔画参考效果

3. 彩虹

内容：新建一个名为"彩虹.psd"的标准图像文件，打开素材 4-2.jpg，将其复制到"彩虹.psd"中，并为其添加彩虹效果，如图 4-9 所示。

视频 4-12　彩虹效果

图 4-9　彩虹参考效果

提示：

(1) 使用裁剪工具规范素材图尺寸，或利用自由变换命令使素材匹配标准文件尺寸。

(2) 使用渐变工具设置并制作彩虹效果。

(3) 使用画笔工具更改彩虹图的光影效果。

4. 背景填充

内容：新建一个名为"填充背景.psd"的标准图像文件，打开素材 4-3.jpg，将其复制到"填充背景.psd"中，并参考图 4-10 效果使用油漆桶工具为其更改背景效果。

视频 4-13　背景填充效果

图 4-10　填充背景参考效果

提示：

(1) 使用裁剪工具规范素材图尺寸，或利用自由变换命令使素材匹配标准文件尺寸。

(2) 将素材中的人物抠取出来复制到新的图层上，将该图层命名为"人物"。

(3) 设置油漆桶工具的工具属性栏，在图像窗口中的合适位置单击鼠标实现背景的变换。

5. 自制个性化信笺

内容：新建一个名为"自制信笺.psd"的标准图像文件，参考图 4-11 效果完成信笺制作。

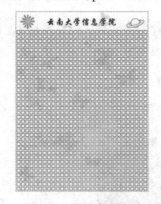

视频 4-14　信笺效果

图 4-11　信笺参考效果

提示：

(1) 使用"编辑"菜单中的"定义图案"命令，将信笺的基本图形定义为"基本图案"。

(2) 使用油漆桶工具在"自制信笺.psd"中填充"基本图案"，产生信笺效果。

(3) 使用画笔工具为信笺创建背景或水印图案。

(4) 效果中的文字可用画笔完成，也可使用横排文字工具实现
文本添加。

6. 退底

内容：打开素材 4-4.jpg，将人物背景完全去掉，将结果保存为
"人物退底.psd"的标准图像文件。

视频 4-15　退底效果

提示：

(1) 使用套索工具组或快速选择工具组中的工具先将人物的大致轮廓抠取出来。

(2) 使用背景橡皮擦工具，注意设置工具属性，完成对人物局部细节的抠取。

7．旧照片修复

内容：打开素材 4-5.jpg，对旧照片进行修复，将结果保存为"修复旧照片.psd"的标准图像文件。

提示：

(1) 这里的标准图像文件尺寸应该为 600 px × 800 px，其他不变。

视频 4-16　旧照片修复效果

(2) 使用仿制图章和修复工具组工具对素材中出现缺失和有瑕疵的部分进行描补修复。

8．去皱

内容：打开素材 4-6.jpg，为素材中人物去皱，将结果保存为"去皱.psd"的标准图像文件。

提示：

(1) 复制背景图层以对比修复效果。

(2) 使用修复工具组工具修复皱纹。

视频 4-17　去皱效果

第 5 章　编 辑 菜 单

Photoshop 中大部分图像编辑命令都只对当前图层选区的内容有效。

5.1　基本编辑命令

5.1.1　还原

只有在历史记录面板中有相应的记录时才能完成还原命令组的操作。还原命令组包括以下几种命令：

(1)　"还原"命令用于取消上一次执行的操作。快捷键是 Ctrl+Z。

(2)　"重做"命令与"还原"相对应，用于重新执行刚刚取消的操作。快捷键是 Ctrl+Z。

(3)　"后退一步"命令用于逐次取消刚刚执行过的一系列操作。快捷键是 Ctrl+Alt+Z。

(4)　"前进一步"命令用于逐次重新执行"后退一步"所取消的操作。快捷键是 Shift+Ctrl+Z。

5.1.2　剪切与清除

"剪切"命令用于将当前图层上选区中的内容复制到剪贴板，并将源内容从源位置删除。快捷键是 Ctrl+X。

"清除"命令用于将删除当前图层选区中的内容。

5.1.3　拷贝与合并拷贝

"拷贝"命令用于将当前图层上选区中的内容复制到剪贴板，并在源位置保留源内容。快捷键是 Ctrl+V。

"合并拷贝"命令用于将当前可见选区的内容作为一个整体复制到剪贴板，并在源位置保留源内容。快捷键是 Shift+Ctrl+C。

5.1.4　粘贴与选择性粘贴

"粘贴"命令用于将剪贴板内容放置到指定图像的目标图层。快捷键是 Ctrl+V。

"选择性粘贴"包括三种不同形式：

视频 5-1　不同粘贴形式

(1)　"原位粘贴"命令用于将剪贴板内容粘贴到指定图像的目标图层与源图像位置一致的地方。快捷键是 Shift+Ctrl+V。

(2)"贴入"命令用于将剪贴板内容粘贴到指定图像当前图层的选区中,剪贴板内容的显示受目标图像选区控制。快捷键是 Alt+Shift+Ctrl+V。

(3)"外部粘贴"命令用于将剪贴板中内容粘贴到指定图像当前图层的选区之外的地方,剪贴板内容只有在选区之外才能显示出来,选区内的内容将被隐藏。

5.2　常用编辑命令

常用编辑命令与选区密切相关。

5.2.1　填充

"填充"命令与油漆桶工具类似,可以在当前图层选区内填入指定的内容,包括颜色、图案和历史记录等。

视频 5-2　填充命令

5.2.2　描边

"描边"命令用于按选区形状绘制边框。

填充和描边都不能作用于隐藏图层,而且若选择"保留透明区域"复选框,则两个命令均不可在透明区域添加像素,只能在原有像素上重绘。

视频 5-3　描边命令

5.2.3　渐隐

使用"渐隐"命令,需要在刚执行完操作之后立即使用,中间不能穿插其余的操作步骤,否则渐隐命令将为灰色不可使用。Photoshop 渐隐命令可以更改任何滤镜、绘图工具、颜色调整操作的不透明度和混合模式。

5.3　图像变换命令

编辑菜单中的变换是针对像素进行的,包括"变换"子菜单和"自由变换"。

5.3.1　变换菜单

变换子菜单中有 11 个命令用于实现图像的变换。

(1)缩放:实现选中对象的任意放大和缩小。

(2)旋转:实现选中对象基于指定旋转中心的旋转变换。

(3)斜切:实现选中对象的倾斜变换。

(4)扭曲:实现选中对象的扭曲变换。

(5)透视:实现选中对象的透视变换。

(6)变形:通过调整选中对象上附着的网格,实现对象的变形。

(7)旋转 180 度:基于选中对象的中心,将选中的对象旋转 180 度。

(8)旋转 90 度(顺时针):基于选中对象的中心,将选中的对象顺时针旋转 90 度。

(9) 旋转 90 度(逆时针)：基于选中对象的中心，将选中的对象逆时针旋转 90 度。

(10) 水平翻转：实现选中对象的水平翻转。

(11) 垂直翻转：实现选中对象的垂直翻转。

单击选择任一变换命令进入相应的变换调整状态后，使用鼠标拖动锚点可实现变换，搭配工具属性栏可以更好地控制变换效果。

若要重复执行上一次的变换，可执行"变换"子菜单上的"再次"命令。

5.3.2　自由变换

使用 Ctrl+T 组合键可进入自由变换状态。

在自由变换状态下，任何锚点和控制线都可以调整。常用的组合控制键有 Alt、Shift 和 Ctrl。搭配工具属性栏可以更好地控制变换效果。　　视频 5-4　自由变换

若要重复执行刚刚完成的变换效果，可使用 Ctrl+Shift+T 组合键。若要在重复变换的同时完成像素复制，可使用 Alt+Ctrl+Shift+T 组合键。

此外，一旦进入变换模式，打开变换工具属性栏即可使用"在自由变换和变形模式之间进行切换"按钮进入变形模式，通过拖动锚点或变形网格对像素群进行特殊变换。

5.3.3　内容识别比例

常规的缩放命令在调整图像时将对图像中所有的像素进行变换，而内容识别比例命令可以在不更改图像主体对象的情况下进行图像大小的调整。如图 5-1 所示，上方图片为原图效果，下方图片为使用内容识别比例命令进行缩放后的效果。

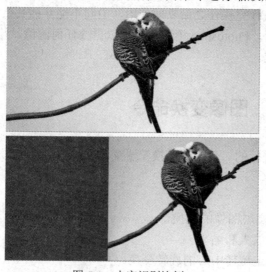

视频 5-5　内容识别比例命令

图 5-1　内容识别比例

5.3.4　操控变形

操控变形命令为要变形的对象提供了一个可视网格，借助网格的变形来随意扭曲网格覆盖的对象实现变形，同时保持图像其他区域的内容不变。如图 5-2 所示，左图为原图效果，右图为操控变形的结果。

视频 5-6　操控变形命令

图 5-2　操控变形

操控变形的设置选项如下：

(1) 模式：用于设置网格的整体弹性效果，包括"刚性"、"正常"和"扭曲"。

(2) 浓度：用于设置网格密集程度。

(3) 扩展：用于扩展或收缩网格外边缘。

(4) 显示网格：用于控制网格的显隐。取消勾选时，操控变形只显示图钉。

5.4　系统设置命令

提供给用户可自定义的工作环境，设置更符合自己需要的 Photoshop 系统参数。

5.4.1　键盘快捷键

选择"编辑"菜单中的"键盘快捷键"命令，打开如图 5-3 所示的"键盘快捷键和菜单"对话框，根据需要可以在对话框中重新定义键盘快捷键。

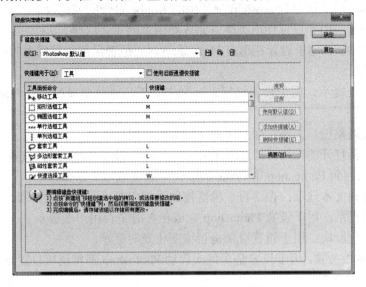

图 5-3　"键盘快捷键"设置框

5.4.2　菜单

选择"编辑"菜单中的"菜单"命令，打开如图 5-4 所示的"菜单"设置框。根据需要可以在设置框内对 Photoshop 的系统菜单进行设置。

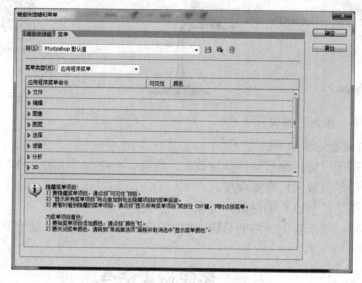

图 5-4　"菜单"设置框

5.4.3　首选项

选择"编辑"菜单中的"首选项"将展开一个子菜单。子菜单中包括以下选项：

1. 常规选项

常规选项包括以下内容：

(1) 拾色器：用于指定 Photoshop 中使用的 Adobe 自带的调色板。

(2) 图像插值：用于设置插值类型以完成对图像的重新取样。

(3) 输出剪贴板：用于设置在退出 Photoshop 时，是否保留剪贴板内的信息以备其他应用程序使用。

(4) 显示工具提示：用于设置鼠标光标聚焦于工具或菜单项时，是否出现黄色提示框显示相关信息。

(5) 缩放时调整窗口大小：用于设置用键盘缩放窗口。

(6) 自动更新打开的文档：打开图像文件时自动升级该文件。若此文件在 Photoshop 外被编辑过，那么回到 Photoshop 中 Photoshop 会重新读取以更新效果。

(7) 显示亚洲文本选项：在字符、段落控制面板中是否显示与中日韩文法相关的选项。

(8) 完成后提示：用于设置 Photoshop 完成任务时是否用声音提示。

(9) 动态颜色滑块：用于设置滑块是否将变化及时显示。

(10) 存储调板位置：用于设置是否每次启动 Photoshop 都将调板位置恢复到默认位置，不勾选是恢复。

(11) 显示英文字体名称：用于设置将所有字体以罗马名规范显示。

(12) 工具切换使用 Shift 键：用于设置分组工具间是否要使用 Shift 键进行切换。

(13) 使用智能引号：用于设置在键入文本时是否自动匹配左右引号。

(14) 历史记录：用于设置 Photoshop 对历史操作记录的形式。

(15) 复位所有警告对话框：将所有隐藏的对话框重现。

2．界面

对 Photoshop 界面及显示效果进行设置，分为常规、面板和文档、界面文本三项。常规选项中可以通过改变下拉选项变换画布边缘样式；面板和文档选项可以改变工作区风格；界面文本选项可以设置 Photoshop 显示的语言和字体大小。例如，选中"通道用原色显示"后可以使通道控制面板中的颜色通道以对应色进行显示，而不是显示为灰度图。

3．文件处理选项

文件处理选项设置存储选项和 Camera Raw 选项，具体包括以下内容：

(1) 图像预览：用于设置是否在保存文件时保存预览缩略图。

(2) 文件扩展名：用于设置文件扩展名的大/小写。

(3) 忽略 EXIF 配置文件标记：用于设置打开图像文件时忽略 EXIF 元数据指定的色彩空间规范。

(4) 存储分层的 TIFF 文件之前进行询问：用于设置在存储合并图层文件时是否打开 TIFF 对话框。

(5) 启动大型文档格式：允许启用对大型文档的存储，但不能向后兼容。

(6) 最大兼容 PSD 文件：用于设置在试验以往版本的 Photoshop 时是否总能打开图像，因为有些版本不支持太多层或组关系。这一选项对空间损耗很大，是典型的以空间代价换取兼容性的例子。

(7) 启用 Version Cue 工作组文件管理：允许启用 Adobe Version Cue 工作组文件管理功能。

(8) 近期文件列表包含：用于设置"文件"菜单中"最近打开文件"子菜单中允许容纳的条目数，可设置在 0 到 30 之间。

4．性能

这一项含有四部分：内存使用、历史记录与缓存、暂存盘、显示性能 GPU。内存使用中可以根据用户电脑的配置高低设置系统可使用的内存大小，左右调节滑块到一个适合值，达到 Photoshop 和电脑系统负载均衡运行；历史记录项可设置历史记录控制面板中可保留历史操作的最大值，默认是 20；暂存盘可以设置作为虚拟内存的备用磁盘的顺序，可以改变 Photoshop 运行时生成临时文件存储的位置；如果出现视觉效果不好或运行效率总体下降的现象，可以设置显示性能 GPU 参数，即设置画面显示与重绘的速度，设置的值越大速度越快，但会大量占用系统可使用的内存资源。

5．光标选项

光标选项包括绘画光标和其他光标，用来设置光标样式。标准样式光标沿用工具形状；画笔大小样式光标按真实画笔的形状和大小显示；精确样式则以十字光标来指示操作中心。

6. 透明度与色域选项

透明度与色域选项用于设置图层无填充时透明背景的方格样式，包括网格大小和颜色设置。

(1) 网格大小：用于设置表示透明区域的网格样式(无、小、中、大)。

(2) 网格颜色：用于设置表示透明区域的网格颜色。可以使用系统自带的配色方案，也可进行用户自定义。

(3) 色域警告：用于设置色域警告的颜色和不透明度。

7. 单位与标尺选项

单位与标尺选项用于设置数值单位和文字单位、新建文档的默认分辨率值，还可以更改点的运算模式选择。

(1) 单位：用于设置系统中使用的标尺与文字默认使用的单位。

(2) 列尺寸：用于设置图像宽度和页面间隙大小。

(3) 新文档预设分辨率：用于设置新建文件时预置的图像分辨率。

(4) 点/派卡大小：用于设置是否按传统方式来规定图像点大小。若使用 PostScript 打印机输出，则应该选 PostScript 形式。

8. 参考线、网格与切片选项

可以改变文档中添加的参考线的颜色，选择样式是直线还是虚线；设置网格的颜色、样式、间距参数以及切片的颜色。

(1) 参考线：用于设置系统中参考线的样式与颜色。

(2) 网格：用于设置系统中辅助定位工具网格的样式、颜色和子网格形式。

(3) 切片：用于设置系统中切片的颜色和编号显隐。

9. 增效工具选项

增效工具选项中的附加增效工具文件夹可以指定系统可使用的外部插件所在位置。

10. 文字选项

通过文字选项可以对系统中文字的显示和使用进行设置。通常为了提高性能，可以关闭字体预览功能。

11. 3D 选项

用于设置 3D 操作性能。只有安装了 Photoshop 完全版的才可使用。

12. Camera RAW

Camera RAW 只有安装了 Photoshop 完全版的才可使用。.raw 是单反数码相机所生成的 RAW 格式文件。安装上 Camera Raw 插件能在 Photoshop 中打开编辑 RAW 格式文件。

Adobe 经常会升级 Camera Raw 插件，只要搞懂原理，不管哪个版本都能很快上手。安装 Camera Raw 插件的步骤如下：

在 Adobe 官方网站(http://www.adobe.com)下载用户所需的 Camera_Raw 插件版本，一般都是升级文件，其实用户所需的 CameraRaw.8bi 已经包含在里面了，只是用户不知道在哪个目录而已。以安装 32 位系统对应的 Camera_Raw 插件为例：解压 Camera_Raw_6_7_update.zip 文件，继续解压 Camera_Raw_6_4_updater\payloads\Adobe

CameraRaw6.0All 的文件夹，继续解压 Assets2_1 文件，将其中的文件 1003 拷贝出来直接改名为：Camera Raw.8bi，并将改名后的文件保存到 C:\ProgramFiles\Common Files\Adobe\ Plug-Ins\CS5\File Formats 中完成安装。如果用户的电脑系统是 64 位的，Photoshop 也应该安装 64 位的，64 位的系统支持超过 4G 的内存，解压这个文件夹 Camera_Raw_6_4_updater\ payloads\AdobeCameraRaw6.0All-x64 中的 Assets2_1 文件，将其中的文件 1002 拷贝出来直接改名为：Camera Raw.8bi，并将改名后的文件保存到 C:\ProgramFiles\Common Files\Adobe\ Plug-Ins\CS5\File Formats 中完成安装。

5.5　课堂示例及练习

1．七巧板拼图

内容：新建一个名为"七巧板.psd"的标准图像文件，制作七巧板拼图，效果参考图 5-5。

图 5-5　七巧板拼图参考效果

视频 5-7　七巧板拼图效果

提示：

(1) 统一缩放各个板块大小。

(2) 分离板块。

(3) 移动板块到合适位置。

(4) 使用"变换"或"自由变换"命令完成拼图。

2．画折立方体

内容：新建一个名为"画折立方体.psd"的标准图像文件，自选一幅折图素材，参考图 5-6，制作使用整张素材图折叠出立方体的效果。

图 5-6　画折立方体参考效果

视频 5-8　画折立方体效果

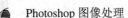

提示：

(1) 制作三个面表示的立方体。

(2) 从完整图像中剪出连续的三个画面。

(3) 将三个画面变换成立方体的三个面。

(4) 将三个面拼接起来。

3. 花朵制作

内容：新建一个名为"花朵.psd"的标准图像文件，参考图 5-7，制作重复图案组成的花朵效果。

视频 5-9　花朵效果

图 5-7　花朵参考效果

提示：

(1) 使用椭圆选区和渐变工具绘制一个花瓣。

(2) 使用 Ctrl+T 组合键进入自由变换，更改旋转中心为花瓣底端，旋转 15°。

(3) 按住 Ctrl+Shift+Alt+T 组合键，重复复制并旋转变换得到整个花朵图案。

(4) 可根据需要重复操作得到各种变换重复的图案。

第6章 图像菜单

Photoshop 中的图像菜单包含了对图像进行修改的各种命令，主要可以分为四个部分，本章将以四个小节分别来进行介绍。

6.1 模式子菜单

6.1.1 颜色模式

颜色模式是指图像中采用的显示图像色彩效果的方式，它提供了将颜色协调一致地用数值表示的一种方法。不同的颜色模式可以显示的色彩范围不同。

Photoshop 支持三类颜色模式。第一类是无色模式，包括"位图"模式、"灰度"模式两种；第二类是彩色模式，包括 RGB 模式、Lab 模式、CMYK 模式和索引颜色模式；最后一类是特殊模式，包括双色调模式和多通道模式。

Photoshop 支持在一定条件下实现模式之间转换。彩色模式之间可以相互转换，彩色模式可以直接转换为灰度模式，只有灰度模式可以直接转换为位图模式。

在转换为索引颜色模式的过程中，将弹出如图 6-1 所示"索引颜色"对话框，以方便用户对转换后的索引图像进行控制。

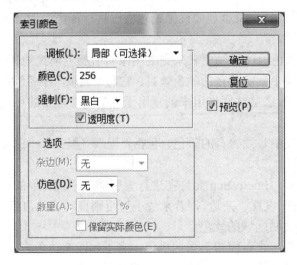

图 6-1　"索引颜色"对话框

视频 6-1　转换为索引颜色模式

索引颜色对话框内的设置如下：

(1) 调板选项：用来选择转换图像使用的颜色表类别。颜色表类别如下：

① 实际：此选项当且仅当图像颜色少于 256 色时才有效，根据图像的原色制作相应的颜色表后进行图像索引颜色模式的转换。

② 系统：根据选项不同适用于苹果或 Windows 系统，调用相应的系统标准色来制作与图像相符的颜色表，然后根据颜色表进行图像索引颜色模式的转换。

③ Web：使用 Web 浏览器最常用的调色板来进行图像索引颜色模式的转换，通常情况下，Web 色是指 216 种网络安全色。

④ 平均：从颜色谱样本中随机抽取样本创建调色板来制作颜色表，然后根据颜色表进行图像索引颜色模式的转换；

⑤ 局部(可感知)：通过优先考虑对人眼较敏感的颜色来创建自定调板。

⑥ 局部(可选择)：创建与"可感知"颜色表类似的颜色表，但优先考虑大范围的颜色区域和保留 Web 颜色，该选项通常生成具有最大颜色组合的图像。

⑦ 局部(随样性)：通过从色谱中取样，以在图像中显示最多的颜色来创建调板。

⑧ 全部(可感知)：通过优先考虑对人眼较敏感的颜色来创建自定调板。适用于打开多个文档的情况，可应用于所有打开的文档。

⑨ 全部(可选择)：创建与"可感知"颜色表类似的颜色表，但优先考虑大范围的颜色区域和保留 Web 颜色，可该选项通常生成具有最大颜色组合的图像。适用于打开多个文档的情况，可应用于所有打开的文档。

⑩ 全部(随样性)：通过从色谱中取样，以在图像中显示最多的颜色来创建调板。例如，只有绿色和蓝色的 RGB 图像生成的调色板也主要由绿色和蓝色组成。大多数图像的颜色集中在色谱的特定区域，若要更精确地控制调色板，先选择图像中包含的要强调的颜色部分，Photoshop 会以这些颜色为主进行转换。适用于打开多个文档的情况，可应用于所有打开的文档。

⑪ 自定义：直接使用"颜色表"对话框来直观的设置调色板以进行图像索引颜色模式的转换。

⑫ 上一个：使用前一次创建的调色板作为颜色表来完成图像索引颜色模式的转换。

(2) 颜色选项：用于设置索引图像中真实存在的颜色数目。它与"调板"中备注的"平均"、"可感知"、"可选择"、"自适应"选项共同作用来创建用于当前图像转换的可用颜色调板，颜色可调整值范围是 3~256。

(3) 强制选项：用于规定颜色调板中必须含有的颜色，包括"无"、"黑白"、"三原色"、"Web"和"自定义"五种形式。

(4) 透明度选项：勾选此复选框后，Photoshop 允许在进行索引颜色模式转换的过程中保持透明区域不发生变化；不勾选时应设置"杂边"，若杂边不可用则自动填入白色。

(5) 杂边选项：用于选择填充到透明区域的颜色。

(6) 仿色选项：用于将可用色组合起来以模拟丢失的颜色，有下列四个仿色方案：

① 无：Photoshop 自动把颜色表与图像色进行对照，选取相近色。

② 扩散：采用误差扩散的方式来模拟缺少的颜色。

③ 图案：采用类似半色调的几何图案,规则的加入近似色来模拟颜色表中没有的颜色。

④ 杂色：可以减少分割图像接缝处的锐利程度，多用于网页图像。

(7) 数量选项：用于指定仿色为扩散方式时的扩散数量。

(8) 保留实际颜色选项：勾选此复选框可防止所选用的调板中已有颜色被重复仿色。

6.1.2 位深

位深也称颜色深度，用于度量图像中有多少颜色信息可用于显示或打印。位深的单位是位(bit)，常用的位深有 8 位、16 位和 32 位，这个数值用来指示图像的每个颜色通道由多少位二进制位组成。

与 8 位/通道相比，在 16 位/通道和 32 位/通道中，由于图像的每个通道都有更多二进制位进行描述，所以加强了色彩，可产生更丰富的色调，但图像文件所占用的磁盘空间也大得多。相同情况下，只有 8 位通道图像能支持 Photoshop 的全部工具和菜单命令，而其他位深的图像只能受限地使用部分工具，且只支持 PSD、TIF 和 RAW 三种图像文件格式。所以，通常采用 8 位通道模式处理图像，然后再根据需要转化成 16 位或 32 位通道模式的图像。

6.1.3 颜色表

颜色表用于存放、索引使用索引颜色模式的图像中的颜色。颜色表对话框中提供了以下六种默认的颜色表，每种颜色表中最多包含 256 种不同颜色。

(1) 自定义：当前图像使用的调色板所对应的颜色表。

(2) 黑体：模仿黑色物体加热后颜色变化所建立的黑—红—黄的变化表。

(3) 灰度：从黑到白的 256 个灰度色调组成的颜色表。

视频 6-2　颜色表应用

(4) 色谱：自然光谱。

(5) 系统(Mac OS)：苹果公司提供。

(6) 系统(Windows)：微软公司提供。

在索引颜色模式的图像中，可以使用颜色表直接调整图像颜色。如图 6-2 所示，左图为原图，右图为使用色谱颜色表后索引图像的效果。

图 6-2　使用色谱颜色表调整图像颜色

6.2 图像调整命令

图像菜单中可以实现图像调整的命令分为两类：一类是快速调整命令，另一类是调整子菜单中的调整命令。

6.2.1 快速调整命令

快速调整命令的结果，如图 6-3 所示。快速调整命令包括以下三个命令。

原图

自动对比度

自动色调

自动颜色

图 6-3 快速调整命令效果

视频 6-3 快速调整命令

(1) 自动对比度：自动调整图像明暗度。可将图像中最亮或最暗的像素(通常不会超过总像素的 0.5%)直接变成白色或黑色像素，然后参照原图像中的像素分配比例重新分配黑色到白色整个区间的像素值。自动色阶命令对于调整缺乏对比度或简单的灰度图比较合适。

(2) 自动色调：自动调整图像中亮调与暗调的对比度。该命令对颜色丰富的图像效果较好。

(3) 自动颜色：自动调整图像的亮度、色调、饱和度和对比度，但这种调整可能会丢失一些颜色数据。注意：CMYK 颜色模式的图像不能完成自动颜色操作。

6.2.2 调整子菜单命令

调整子菜单命令包括以下内容：

1. 亮度/对比度

对选区内像素群进行整体的亮度或对比度的调整。亮度值可在正负 150 之间进行调整，值越大图像越亮；对比度值可在-50 到 100 之间进行调整，值越大层次越明显。

2. 色阶

通过调整图像的明暗度来改变图像的亮度及反差效果，以控制图像整体或局部的色调范围和色彩平衡。如图 6-4 所示即为使用黑场设置得到的调整结果。在"色阶"窗口内可对以下内容进行设置：

(1) 输入色阶：该选项可以通过拖动色阶的三角滑块进行调整，也可以直接在"输入色阶"的文本框中输入数值。

视频 6-4　色阶命令

(2) 输出色阶：该选项中的"输出阴影"用于控制图像最暗数值；"输出高光"用于控制图像最亮数值，分别调整原图中对应的暗调、中间调和亮度像素分布，以控制图像的色调。

(3) 吸管工具：3 个吸管分别用于设置图像黑场、白场和灰场，从而调整图像的明暗关系。

(4) 自动：单击该按钮，即可将亮的颜色变得更亮，暗的颜色变得更暗，提高图像的对比度，它与执行"自动色阶"命令的效果是相同的。

(5) 选项：单击该按钮可以更改自动调节命令中的默认参数。

原图　　　　　　　　　　　设置黑场

图 6-4　色阶调整

3. 曲线

曲线用于对图像整体的明暗程度进行调整。

在如图 6-5 所示的"曲线"调整对话框中，色调范围显示为一条笔直的对角基线，这是因为输入色阶和输出色阶是完全相同的。

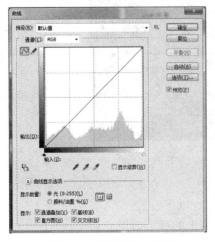

图 6-5　"曲线"对话框

视频 6-5　曲线命令

"曲线"对话框中的通道选项是根据图像模式而改变的,可以对每个颜色通道设置不同的输入色阶与输出色阶值。当图像模式为 **RGB** 时,该选项中的颜色通道为红、绿与蓝;当图像模式为 **CMYK** 时,该选项中的颜色通道为青色、洋红、黄色与黑色。

4. 曝光度

曝光度可以对图像的暗部和亮部进行调整,常用于处理曝光不足的照片。

视频 6-6　曝光度命令

(1) 曝光度:该参数栏用于调整照片的高光区域,可以使照片的高光区域增强或减弱。当滑块向左移动时,图像逐渐变黑;当滑块向右移动时,高光区域中的图像越来越亮。

(2) 位移:"位移"参数也就是偏移量,该参数栏用于决定照片中间调的亮度。参数越大中间调越亮,反之亦然。

(3) 灰度系数校正:在默认情况下,该参数栏的数值为 1.00,数值范围为 9.99 至 0.10。该参数主要用于减淡或加深图像中灰色区域像素群。

5. 自然饱和度

自然饱和度可以对图像的饱和度进行调整。

(1) 自然饱和度:对已经包含的像素进行保护,只调整没有饱和的像素。

(2) 饱和度:对像素的鲜艳程度进行调整,不考虑颜色是否达到饱和。

6. 色相/饱和度

首先该命令能够根据颜色的色相和饱和度来调整图像的颜色,可以将这种调整应用于特定范围的颜色或者对色谱上的所有颜色产生相同的影响。其次该命令能在保留原始图像亮度的同时,应用新的色相与饱和度值给图像着色。如图 6-6 所示,即为使用色相/饱和度命令调整的结果。

视频 6-7　色相/饱和度命令

原图　　　　　　　　　着色

图 6-6　色相/饱和度调整

在"色相/饱和度"对话框中可以进行以下设置:

(1) 色相:即颜色,可以用来更改图像的颜色效果。

(2) 饱和度:该选项用于增强图像的色彩浓度。

(3) 明度：该选项用于调整图像的明暗程度。

(4) 着色：勾选后可以将一个色相与饱和度应用到整个图像或者选区中。

7．色彩平衡

色彩平衡是基于色轮在校正颜色时增加基本色或降低相反色，以达到在明暗色调中增加或者减少某种颜色的目的，最终实现对图像色调进行调整。在"色彩平衡"对话框中可以进行以下设置：

(1) 颜色参数：当选中某一个颜色范围后，可通过在该设置区域调整所需的颜色。

视频 6-8　色彩平衡命令

(2) 调整区域：分别调整图像阴影、中间调以及高光区域的色彩平衡。

(3) 亮度选项：启用该选项后，可在不破坏原图像亮度的前提下调整图像色调。

8．黑白

将图像去色后，根据参数设置改变不同色调区域的明暗程度。

9．照片滤镜

通过模拟相机镜头前滤镜的效果来进行颜色参数的调整，该命令还允许选择预设的颜色以便应用色相调整图像。

视频 6-9　黑白命令

10．通道混合器

通过混合当前颜色通道中的像素与其他颜色通道中的像素，达到调整通道颜色的目的。如图 6-7 所示，"通道混合器"对话框有五个可设置项。

视频 6-10　通道混合器命令

图 6-7　"通道混合器"对话框

对话框中各项的含义如下：

(1) 预设：用于选择系统中已经预先定义好的调整设置方案。

(2) 输出通道：用于选择需要进行调整的颜色通道。

(3) 源通道：用来调整输出通道中原通道所占百分比。

(4) 常数：用来调整输出通道的灰度值。值为正时，是往通道中添加白色，反之则是添加黑色。

(5) 单色：用于将彩色图像转换为保持原来颜色模式不变的灰色图像。

11．反相

反相用来反转图像中的颜色，获取原图像的补色效果。在对图像进行反相时，每个像素的颜色均会被其补色代替，即各个颜色分量值为 255 减去原来颜色的分量值。

12．色调分离

色调分离指定图像中每个通道的色调级或亮度值的数目，然后将像素映射为最接近的匹配级别。

13．阈值

用于将灰度或者彩色图像转换为高对比度的黑白图像，其效果可用来制作漫画或版刻画。

14．渐变映射

用于将设置好的渐变效果映射到图像中，从而改变图像的整体色调。

15．可选颜色

可选颜色命令基于选定的当前图像中某一主色调所对应的 4 种基本印刷色，有针对性的改变其中某种印刷色的含量，同时又不影响其他印刷色在主色调中的含量，即通过调整图像中选定的原色分量的印刷色数量，来改变或校正图像的颜色效果。虽然"可选颜色"命令使用的是 CMYK 来调整图像颜色，但 RGB 图像也是可以使用此命令的。

16．阴影/高光

基于阴影或高光区域周围的相邻像素进行区域增亮或变暗。常用于校正照片内因光线过暗而形成的暗部区域，也可校正因过于接近光源而产生的发白焦点。

勾选"显示其他选项"复选框后，打开如图 6-8 所示的设置对话框。

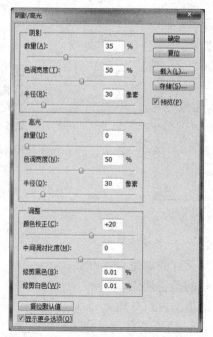

视频 6-11　阴影/高光命令

图 6-8　"阴影/高光"设置对话框

在"阴影/高光"设置对话框中可以对以下内容进行设置。

(1) 数量：阴影选项区中的"数量"值越大，图像中的阴影区域越亮；高光选项区中的"数量"值越大，图像中的高光区域越暗。

(2) 色调宽度：可用来控制阴影或者高光中色调的修改范围。

(3) 半径：可用来控制每个像素周围相邻的局部像素的大小。

(4) 颜色校正：该命令用于在图像的已更改区域中微调颜色，此调整仅适用于彩色图像。例如，通过增大阴影"数量"滑块的设置，可以将原图像中较暗的颜色显示出来，可以使这些颜色更鲜艳，而图像中阴影以外的颜色保持不变。

(5) 中间调对比度：该参数可调整中间调的对比度。滑块向左移动会降低对比度，向右移动会增加对比度。

17．HDR 色调

HDR 是 High Dynamic Range(高动态范围)的缩写，HDR 图片的优势是图像中无论阴影还是高光部分的细节都非常丰富。此命令通常只能用于无压缩的图像。

18．变化

变化命令不能用于索引图像，比较适合色调均匀、无需精确调整的图像。变化命令通过显示替代物的缩览图，使用单击缩览图的方式，直观地调整图像的色彩平衡、对比度和饱和度。

19．去色

去色就是将彩色图像转换为灰色图像，但图像的颜色模式保持不变。

20．匹配颜色

匹配颜色命令用于使目标图像具有与源图像一致的色调。在"匹配颜色"对话框中可以进行以下设置。

(1) 目标：用于显示目标图像的名称、颜色模式的信息。

视频 6-12　匹配颜色命令

(2) 应用调整时忽略选区：用于控制匹配结果的应用范围。当且仅当目标图像中存在选区时，此复选框被激活。若勾选此项，则匹配计算的结果将作用于整个目标图像，否则将只作用于目标图像的选定区域。

(3) 图像选项：通过调整目标图像亮度、颜色饱和度等措施对目标图像的匹配效果进行调整。"渐隐"选项用于调整目标图像与源图像的色调匹配度，值越大，匹配度越低。勾选"中和"复选框可自动去除目标图像中出现的明显的色块边界线。

(4) 图像统计：用于设置匹配时使用的源图像。其中，"使用源选区计算颜色"复选框仅在源图像中存在选区时有效，选中它，在进行颜色匹配时只有源图像选区内的像素参与匹配计算；"使用目标选区计算调整"复选框仅在目标图像中存在选区时有效，选中它，在进行颜色匹配时只有目标图像选区内的像素参与匹配计算，而计算结果可调整的区域或影响的范围则由复选框"应用调整时忽略选区"来控制；"源"用于指定参与颜色匹配的源图像，当选择"无"时，仅仅能对目标图像进行"图像选项"中的调整。

21．替换颜色

先选定颜色，然后改变选定区域的色相、饱和度和亮度值。

22．色调均化

按照灰度重新分布亮度，将图像中最亮的部分提升为白色，最暗部分降低为黑色。

6.3　图像信息修改

6.3.1　图像与画布调整

图像与画布在 Photoshop 中默认是同样大小的，但其实它们的尺寸是可以不同的。画布是 Photoshop 提供的用来放置图像的底版，图像则是 Photoshop 中真正进行编辑的内容。

关于图像与画布的调整在第 2 章基本操作中有详细讲解。

6.3.2　裁剪与裁切

裁剪命令与工具箱中的裁剪工具类似，都是用来从原图像中获取一块连续像素群的操作。选中裁剪工具后可直接在图像窗口中进行直观可视的裁剪，而且可以使用工具属性栏对裁剪效果进行设置，而图像菜单中的裁剪命令使用要受限很多。首先，需要在图像中创建一个选区以激活裁剪命令，然后 Photoshop 自动选取所创建选区形状的外接矩形作为裁剪区域进行裁剪，裁剪区域中的像素没有任何可供调整的方法。

"裁切"命令通过移去不需要的图像数据来裁剪图像，执行"图像"菜单的"裁切"命令会弹出如图 6-9 所示的"裁切"对话框。

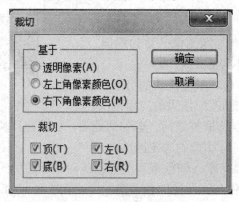

视频 6-13　裁切命令

图 6-9　"裁切"对话框

在"裁切"对话框中可进行以下设置：

(1) "基于"区用于设置裁剪依据。包括以下方法：

① 透明像素：修整掉图像边缘的透明区域，留下包含非透明像素的最小图像。

② 左上角像素颜色：从图像中移去左上角像素颜色的区域。

③ 右下角像素颜色：从图像中移去右下角像素颜色的区域。

(2) "裁切"区用于设置裁剪的范围。可以选择一个或多个要裁切的区域："顶""底""左""右"。

6.4　图像高级应用

图像的高级应用包括"应用图像"命令和"计算"命令。

6.4.1　应用图像

应用图像命令用于将一幅与当前图像具有相同尺寸的图像混合融入到当前图像中，是一个功能强大，效果多变的命令。选择该命令后将弹出如图 6-10 所示的对话框。

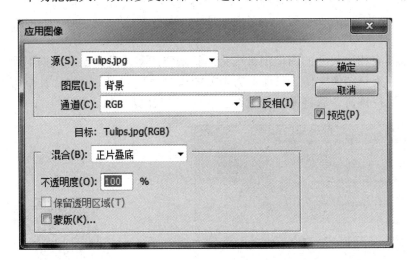

视频 6-14　应用图像命令

图 6-10　"应用图像"对话框

在"应用图像"对话框中可进行以下设置：

(1) 源：选择一个与当前图像窗口中尺寸一致的、已经在 Photoshop 中打开的图像，准备与当前图像进行混合。

(2) 图层：选择源图像中要与当前图像进行合成操作的图层。

(3) 通道：选择源图像中要与当前图像进行合成操作的通道。

(4) 反相：将所选择的通道图像反相后再与当前图像进行合成。

(5) 混合：用于设置将源图像选中图层对应的通道图像与当前图像进行合成时使用的混合模式。

(6) 不透明度：用于设置将源图像所选中的图层对应的通道图像与当前图像进行合成时使用的不透明度。

(7) 保留透明区域：当前图像若存在透明区域，勾选此复选框，则透明区域将不参加与源图像的合成操作。

(8) 蒙版：勾选蒙版复选框，表示要设置应用图像时所使用的蒙版参数。在"蒙版…"下方区域设置，设置内容类似源图像的设置。

图 6-11 是对两幅同尺寸的图像按默认参数执行"应用图像"命令后的结果。

源图像   目标图像   应用图像

图 6-11 "应用图像"执行效果

6.4.2 计算

计算命令用于将两幅具有相同尺寸的图像混合成为一幅灰色的多通道图像，根据用途不同，可以将计算结果保存为新图像文件或只保存为当前图像的一个 Alpha 通道，甚至可以只提取其对应的选区。选择该命令后将弹出如图 6-12 所示的"计算"对话框。

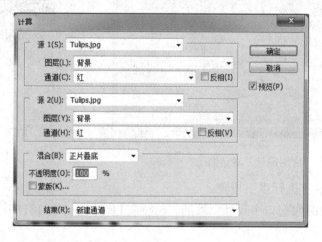

视频 6-15 计算命令

图 6-12 "计算"对话框

完成一次计算，也称通道计算，通常需要五个步骤：

(1) 确定参加计算的两个相同尺寸的图像文件，也可以是同一幅图像。

(2) 确定参加计算的具体图层。

(3) 确定参加计算的具体通道。

(4) 确定通道图像的混合模式。

(5) 确定计算结果的使用方法。

6.5 课堂示例及练习

1. 拼合图像

内容：打开素材 6-1 和素材 6-2，将之拼合成一幅完整的图像，并将结果保存为"拼合

图像 .psd"的标准图像文件。

提示：

(1) 利用画布大小命令扩展画布以放下完整的拼合图像。

(2) 利用羽化选区或柔边界画笔来处理拼合图像的交接处
细节。

视频 6-16 拼合图像效果

2．制作圆环

内容：新建一个名为"圆环.psd"的标准图像文件，制作一个内半径为 3 厘米的红色圆
环。提示：

(1) 使用规则选区工具制作圆环平面图。

(2) 搭配标尺和参考线等辅助工具制作圆环平面图。

(3) 使用填充工具或填充快捷键为圆环着色。

(4) 使用调整子菜单的"亮度/对比度"命令制作圆环高光、暗调
区域，获得立体圆环效果。

视频 6-17 圆环效果

3．制作"底片"

内容：使用"拼合图像.psd"文件作为素材，为该图像制作底片效
果。

提示：

(1) 使用反相命令获得"底片"素材图像的补色效果作为底片。

(2) 使用矩形选区工具制作底片边缘效果。

视频 6-18 底片效果

4．制作单色版画

内容：使用"拼合图像.psd"文件作为素材，为该图像制作单
色版画效果。

提示：

(1) 对素材使用色调分离作为版画原稿。

(2) 通过渐变映射或其他着色方案获得不同色调的版画效果。

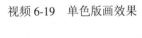

视频 6-19 单色版画效果

5．校正偏色

内容：打开素材 6-3，为该图像进行偏色校正，并将结果保存为"校正偏色.psd"标准
图像文件。

提示：

(1) 利用色阶的场设置进行色阶校正。

(2) 利用照片滤镜命令平衡色调。

(3) 利用曲线命令调整细节。

视频 6-20 校正偏色效果

第7章　文　字　工　具

文字效果是图像处理中很重要的一个设计环节。Photoshop 提供的文字工具可以很方便地向图像中添加多种多样的文字效果，突出图像的设计主题或增加图像的表现力。

7.1　安装和使用字体

Windows 系统中允许出现或使用的所有字体均以.ttf 的字体文件形式存放在"字体"文件夹中。在 Windows 的"控制面板"内单击"字体"项，打开如图 7-1 所示的系统"字体"文件夹窗口。在该窗口中可对选中的任意字体文件进行预览、删除和显示操作。

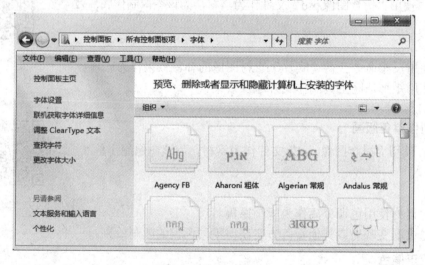

图 7-1　"字体"窗口

在图像的设计过程中有时要用到特殊的字体，而 Windows 系统自带的字体不能满足需求，就要人为地向 Windows 系统中添加所需要的字体，这个往系统中添加字体的操作就是字体安装。字体的安装步骤如下：

(1) 通过各种途径获得需要的目标字体文件。

(2) 鼠标左键双击要安装的目标字体文件，打开如图 7-2 所示的字体查看器，预览目标字体。

(3) 若当前系统中没有目标字体，则可单击字体查看器中的"安装"按钮，将该字体添加到 Windows 系统中。

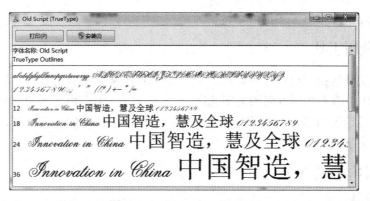

图 7-2　字体查看器

这种字体安装方式添加的字体，不仅可以在 Photoshop 中使用，也可以用于当前 Windows 系统下的其他软件。

Photoshop 中使用字体的方法非常简单，选择文字工具设置工具属性栏上的"字体"选项即可。

7.2　文字工具组

Photoshop 提供了文字工具组来实现文字编辑。使用鼠标右键单击工具箱中的"文字工具"按钮 T ，展开文字工具组工具列表，如图 7-3 所示。

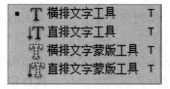

图 7-3　文字工具组

文字工具组工具分为两大类：前两个工具称为文字工具，创建出来的文字将以文字图层的形式出现的图像中；后两个工具称为文字蒙版工具，创建出来的文字将以文字形状选区的形式出现在图像中。

7.2.1　文字工具

文字工具包括"横排文字工具"和"直排文字工具"。"横排文字工具"用于向图像中添加水平方向的文字；"直排文字工具"用于向图像中添加垂直方向的文字。无论使用哪个文字工具都将在图层面板中新建一个文字层与所添加的文字相对应。

文字层只能完成文本的编辑，不能使用位图处理工具或执行位图操作。只有将文字层转换为普通层后，才能对其进行位图编辑。文字层转换为普通层的方法是执行"图层"菜单的"栅格化"子菜单中的"文字"命令，或直接在要进行转换的文字层上右键单击，执行快捷菜单中的"栅格化文字"命令。文字层一旦转换为普通层就变成一幅普通的位图图像，不再具有文本编辑的功能。

此外，通过快捷菜单文字也可以转换为路径或形状。

7.2.2　文字蒙版工具

文字蒙版工具包括"横排文字蒙版工具"和"直排文字蒙版工具"。"横排文字蒙版工具"用于向图像中添加水平方向的文字选区，"直排文字工具"用于向图像中添加垂直方向的文字选区。无论使用哪个文字蒙版工具都不会在图层面板中创建文字层，而是在当前图层上创建一个文字外形的选区。

7.2.3　点文字与段落文字

创建文字的初始状态不同，使用同一个文字工具所获得的文字特征也是不一样的。

1.　点文字

点文字用于输入少量文本的情况。选择任一文字工具，在图像窗口中单击鼠标左键，即可以从单击位置开始创建点文字。

2.　段落文字

段落文字用于大量输入文本的情况。选择任一文字工具，在图像窗口中按住鼠标左键拖曳出一块区域，Photoshop 会自动将输入的文字规范在指定区域内，这样创建的文字称为段落文字，这个指定的区域称为定界框。

视频 7-1　两种文字及栅格化

段落文字区别于点文字，可以实现定界框中文本的自动换行，也可能出现定界框无法放置完整文字效果的"溢出"现象。

在图像窗口中创建的点文字和段落文字在退出文本编辑状态后，可以相互转换。转换的方法是，先选中要进行转换的文字层，然后执行"图层"菜单的"文字"子菜单中的"转换为段落文本"或"转换为点文本"选项，子菜单中出现哪个选项，与当前选中的文字层有关。也可以鼠标右键单击要进行转换的文字层，执行快捷菜单中对应的"转换为段落文本"或"转换为点文本"选项。

要注意的是，将点文本转换为段落文本时，可能需要人工删除一些回车符；将段落文本转换为点文本时，系统自动为原来段落的每一行添加一个回车符，且原来段落文本"溢出"到定界框外的字符将被 Photoshop 自动删除，所以为避免误删除，应该在文本转换前调整定界框以完整显示所有段落文本。

除了点文字和段落文字外，Photoshop 还允许创建路径字。顾名思义，路径字是让文本沿指定路径进行排列显示的文本形式。创建路径字要同时具备路径和文字，先创建或选定一条路径，然后选中任一文字工具组成员，将鼠标光标挪到路径上，当鼠标指针变成 形状时，单击鼠标左键即可以沿选定的路径输入文本。

视频 7-2　路径字

7.2.4　文本编辑

选择文字工具组中任一工具后单击图像窗口即可进入创建文字的文本编辑状态。选择文字工具组任一工具，再选中一个文字层，将鼠标在已有文字上单击，即可进入修改文字的文本编辑状态。

在文本编辑状态下，可以在工具属性栏上对文本的所有属性进行设置。如图 7-4 所示为"横排文字工具"所对应的工具属性栏。

图 7-4 "横排文字工具"属性栏

单击工具属性栏上的切换字符和段落面板按钮，可打开相应的设置面板对文本的字符特征或段落属性进行设置。

1．字符面板

字符面板如图 7-5 所示，可用于完成比工具属性栏上更为丰富的文字格式的设置。

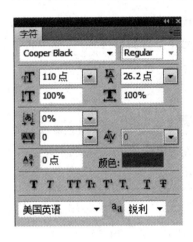

图 7-5 字符面板

(1) 设置行距：该选项用于设置文本中行与行之间的距离。距离数值可以从列表中选择，也可以直接填写一个 0.01～5000 的数字。

(2) 垂直缩放：该选项用于设置文本中选定字符的垂直高度。

(3) 水平缩放：该选项用于设置文本中选定字符的横向水平宽度。

(4) 字距设置：该选项用于设置文本中选定字符两两之间的距离。

(5) 字距微调：该选项用于在受限范围内调整选定字符之间的距离。

(6) 基线偏移：该选项用于设置文本中选定字符与基线的位置关系。使用基线偏移可实现对同行文本的提升和压降，产生文本的上下标效果。

2．段落面板

段落面板如图 7-6 所示，可用于完成文本的对齐方式、缩进等段落属性的设置。

(1) 对齐选项区：基于文本插入初始位置进行左对齐、居中对齐和右对齐，或基

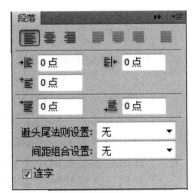

图 7-6 段落面板

于最后一行文本进行左对齐、居中对齐和右对齐，还可以直接使用"最后"按钮，直接全部对齐。

(2) 缩进选项区 +≣ ≣* ≣+ ：设置文本的段落缩进方式，包括"左缩进""首行缩进"和"右缩进"。

(3) 添加空格选项区：在段落之前或之后的指定位置添加空格，用以设定段前和段后的间距。

(4) 避头尾法则设置：当文本段落中行首或行尾出现特殊字符时，依据此选项来处理出现的特殊字符。

(5) 连字复选框：勾选"连字"复选框，在段落换行时若遇到英文单词被截断，Photoshop自动使用连字符"-"进行单词连接。

3. 文字变形

单击工具属性栏上的"创建文字变形"按钮 ，弹出如图 7-7 所示的"变形文字"对话框。从"样式"下拉列表中选择一种变形样式后，"样式"下方区域选项会随之发生变换，以保证实现对所选取样式的调整。

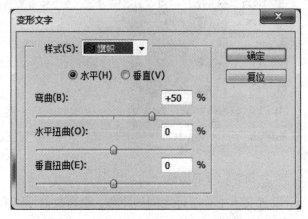

视频 7-3　变形文字

图 7-7　"变形文字"对话框

7.3　课堂示例及练习

1. 反相字

内容：新建一个名为"反相字.psd"的标准图像文件，参考图 7-8 制作反相字。

提示：

(1) 使用标尺等辅助定位工具得到棋盘格背景。

(2) 使用文字工具获得文字选区。

(3) 新建图层为文字选区填充颜色。

(4) 使用选择菜单保存文字选区。

(5) 利用选区运算生成需要变换颜色的文字选区。

(6) 利用填充工具或填充操作实现反相字效果。

图 7-8　反相字

视频 7-4　反相字效果

2．光晕字

内容：新建一个名为"光晕字.psd"的标准图像文件，参考图 7-9 制作光晕字。

视频 7-5　光晕字效果

图 7-9　光晕字

提示：

(1) 为更好地展示光效果，背景应该使用黑色。

(2) 使用文字工具获得文字选区。

(3) 新建图层，为文字选区填充颜色。

(4) 复制文字填充层，利用减淡或加深工具调整文字亮度。

(5) 利用移动工具稍稍移动文字位置，使其产生立体效果。

(6) 载入文字选区进行羽化，产生光晕选区。

(7) 在文字填充层下方创建新图层，填充光晕颜色。

3．立体字

内容：新建一个名为"立体字.psd"的标准图像文件，参考图 7-10 制作立体字。

视频 7-6　立体字效果

图 7-10　立体字

提示:

(1) 使用文字工具获取文字形状的选区。

(2) 新建图层,使用渐变工具获得杂色渐变填充的文字。

(3) 利用移动工具,边复制边移动,增加文字厚度产生立体效果。

(4) 最后对位于顶层的文字进行减淡或加深操作,强调文字轮廓。

第8章 路径与形状

路径与形状都是 Photoshop 提供的用于创建、编辑和使用矢量图的工具。路径与形状工具包括了三组工具："钢笔工具组"、"形状工具组"和"路径选择工具组"。在图像窗口中一旦创建矢量图，都将在路径面板中产生一个条目与之相对应。

8.1 路 径 简 介

使用钢笔工具、自由钢笔工具或者形状工具组中任一工具，默认将创建一幅矢量图。矢量图以路径为基础，路径是矢量化的线条，路径可以与图像文件一起保存，而且由于其矢量图的性质，其放大或缩小不会影响路径和形状的分辨率与平滑度。

8.1.1 路径与矢量图

在 Photoshop 中，矢量图被称为形状，而路径则用于记录和保存矢量图。通常形状工具创建的矢量图是由首尾相接的闭合线条组成的图形，而路径工具创建的矢量图，既可以是如图 8-1 所示的由闭合线条组成的图形，也可以是如图 8-2 所示的由首尾不相连的开放线条组成的图形。

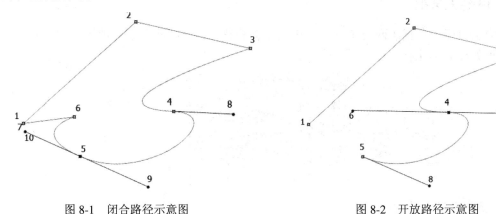

图 8-1　闭合路径示意图　　　　　　　　图 8-2　开放路径示意图

8.1.2 路径的基本概念

路径是由多个锚点、直线段或曲线段构成的不包含像素的矢量图。如图 8-1 所示，为一条由 7 个锚点，3 条直线段和 3 条曲线段组成的首尾相接的闭合路径；如图 8-2 所示，为一条由 4 个锚点，2 条直线段和 1 条曲线段组成的首尾不相接的开放路径。

图 8-1 中所示编号 1 至 7，以及图 8-2 中所示编号 1 至 5 的方形点在路径中被称为锚点，是定义路径中每条线段开始和结束的控制点。黑色实心的锚点是被选中可操作的锚点，如图 8-2 中的 4 号锚点；白色空心的锚点则没被选中，仅仅表示这是本路径上一个锚点而已，如图 8-2 中的 5 号锚点。

通过锚点来控制与之相关的线段，可以达到控制路径形状的目的。在路径中根据锚点所连接线条的性质不同，可以将锚点分为以下两类。

(1) 拐点：与直线段相连的锚点称为拐点。它可以连接两条直线段、也可以用于连接一条直线与一条曲线。如图 8-1 中编号 1、2、3、6、7，以及图 8-2 中编号 1、2、3 的锚点。

视频 8-1　路径组成

(2) 平滑点：连接两条平滑曲线段的锚点，称为平滑点。如图 8-1 中编号 4 和 5，以及图 8-2 中编号 4 和 5 的锚点。当锚点为平滑点时，该锚点上将出现方向线和方向点。

① 方向线：与曲线相切，表示被选中锚点的一个或两个可改变方向，用以确定曲线高度/深度。如图 8-1 中编号 4 与编号 8 之间的直线即方向线。

② 方向点：方向线的端点，与方向线共同确定曲线的大小和形状。如图 8-2 中编号为 6、7、8 的菱形点。

8.2　路 径 工 具

在 Photoshop 的工具箱中，用于创建与编辑矢量图的工具统称为路径工具，包括了钢笔工具组、形状工具组和路径选择工具组。下面将对这些工具一一进行介绍。

8.2.1　钢笔工具组

钢笔工具组中包括了两类工具，一类用于创建路径，另一类用于修改和编辑路径。钢笔工具组如图 8-3 所示。

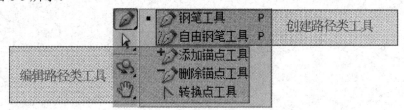

图 8-3　钢笔工具组

1. 钢笔工具

钢笔工具通过创建锚点来获得路径，其工具属性栏如图 8-4 所示。

图 8-4　钢笔工具的工具属性栏

(1) 模式区：工具属性栏上的前三个按钮是工具的工作模式，依次是"形状图层"、"路径"和"填充像素"这三种不同的工作模式。

① 形状图层：使用钢笔工具将在两个面板上分别获得相应的内容，在图层面板中创建一个独立的、默认填充了前景色的满像素图层，该图层被 Photoshop 自动命名为"形状 XX"；在路径面板中创建一个与该形状图层相互对应的路径矢量图，该路径被 Photoshop 自动命名为"形状 XX 矢量蒙版"。

② 路径：在路径面板中创建一个路径矢量图，并被 Photoshop 自动命名为"工作路径"。

③ 填充像素：在图层面板的当前图层上创建一个以矢量图形状为轮廓的新区域，并为此区域填充上 Photoshop 前景色。

(2) 工具区：模式区右侧的 8 个工具按钮共同组成了工具属性栏上的工具区。工具区中任一工具均可实现路径的独立创建。若要创建开放路径，应该使用钢笔工具；若要创建闭合路径，工具区中任何一个工具都可使用。

(3) 自动添加/删除：这个复选框是钢笔工具特有的选项。勾选该复选框后，使用钢笔工具在当前路径已有锚点上单击，可删除该锚点；在当前路径没有锚点的地方单击或按住鼠标拖动，可在该位置上增加一个锚点。

(4) 路径运算区：工具属性栏最右侧的 4 个按钮是用于路径运算的。默认情况下，新路径与已有路径之间是并存的关系。原有路径所包围的区域称为原路径区，新路径所包围的区域称为新路径区，路径允许的 4 种运算从左到右依次可解释为：

① 添加到路径区域：该运算控制下，将原路径区与新路径区进行区域合并，合并后路径所包围的区域轮廓作为路径运算的结果。

② 从路径区域减去：该运算控制下，将从原路径区中刨除新路径区，剩余区域的轮廓作为路径运算的结果。

③ 交叉路径区域：该运算控制下，只保留新路径区与原路径区的区域重叠部分，并将重叠区域的轮廓作为路径运算的结果。

④ 重叠路径区域除外：该运算控制下，只保留新路径区与原路径区重叠部分之外的区域，并将非重叠区域的轮廓作为路径运算的结果。

使用钢笔工具绘制直线段的方法如下：

使用钢笔工具在图像窗口中单击，生成拐点，两拐点间将产生一条直线段。若在单击下一个拐点时按住 Shift 键，则产生在两锚点间的直线段一定是水平线(或垂直线、45 度角或其倍数角度的直线段)，如图 8-5 所示。

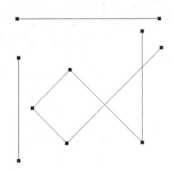

图 8-5　特殊角度直线段

使用钢笔工具绘制曲线段的方法如下：

使用钢笔工具在图像窗口中按住鼠标并拖动，生成平滑点。平滑点连接曲线，使用平滑点对应的方向点和方向线可以控制与之相连的曲线段的形状。如图 8-6 所示，两个同向的平滑点间将产生一条 S 形曲线段，两个异向的平滑点之间将产生一条抛物线。

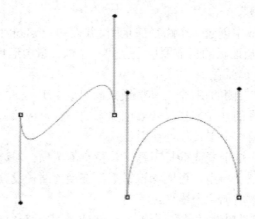

图 8-6　曲线段示例

方向点总是控制着方向线与曲线相切，移动方向点位置会直接导致方向线的斜率发生变化。方向线的长短控制着曲线段的弯曲程度。通常，连续平滑弯曲的路径用平滑度来创建，而非连续平滑弯曲的路径更可能是平滑点和拐点搭配共同创建的。

若要创建一条闭合路径，可将路径的最后一个锚点与路径的初始锚点位置重合，在鼠标指针的右下角出现一个小圆圈后单击鼠标左键，完成闭合路径的创建，同时退出本次路径编辑状态。

若要创建一条开放路径，则在完成路径最后一个锚点的创建后，再次单击钢笔工具按钮，或按住 Ctrl 键后在图像窗口中鼠标单击路径外的任何位置，即可完成开放路径的创建，同时退出本次路径编辑状态。

2．自由钢笔工具

自由钢笔工具通过拖动鼠标光标产生轨迹来获得路径，同时系统将自动标记该路径上的锚点情况，其工具属性栏如图 8-7 所示。

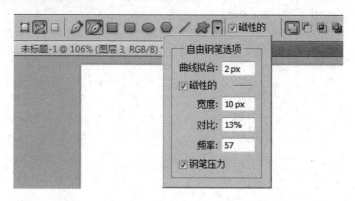

图 8-7　自由钢笔工具的工具属性栏

自由钢笔的选项如下：

(1) 曲线拟合：用于控制所绘制路径的敏感度，取值为 0.5 px～10 px，输入数值越大，所创建的路径锚点越少，路径越光滑。

(2) 磁性的：该复选框是自由钢笔工具特有的选项。勾选后，在使用自由钢笔工具时，鼠标轨迹的产生将与其划过的临近区域内的色块边界自动重合，模拟路径自动吸附到图像轮廓边缘的效果。选中复选框后，可使用几何选项，通过以下各个属性来进行磁性钢笔的具体设置。

① 宽度：用于设置磁性钢笔工具的吸附范围，取值为 1 px～256 px，输入数值越大，磁性钢笔工具可进行吸附的范围越大。

② 对比：用于设置磁性钢笔工具对边缘的敏感程度，取值为 1%～100%，输入数值越大，识别出来的边缘像素与背景像素的对比度差异也越大。

③ 频率：用于设置磁性钢笔工具产生锚点的密集程度，取值为 0～100，输入数值越大，锚点越密集。

(3) 钢笔压力：若使用钢笔绘图时选中该复选框，则钢笔压力的增加将直接导致宽度的减小。

3．编辑路径类工具

钢笔工具组中的编辑路径类工具没有可以设置的工具属性栏选项。

(1) 添加锚点工具：用于在已有路径上没有锚点的位置增加锚点。直接在已有路径上单击鼠标左键，可在单击位置为路径增加一个拐点；在已有路径上按住鼠标左键拖动将增加一个平滑点。

(2) 删除锚点工具：用于在已有路径上将原有的锚点删除。在路径的已有锚点上单击鼠标左键，将不考虑锚点性质直接把单击位置上的锚点删除。

(3) 转换点工具：用于将已有路径上指定锚点的性质在平滑点与拐点之间进行切换。

8.2.2 形状工具组

如图 8-8 所示为形状工具组，用于创建各式各样的闭合路径，根据其工具栏上几何选项的不同，可以对同一闭合路径进行不同几何形状的设置。

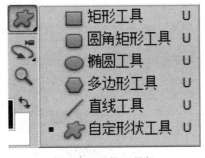

图 8-8　形状工具组

1．矩形工具

用于创建以各种矩形形状为边界的闭合路径，其工具属性栏如图 8-9 所示。

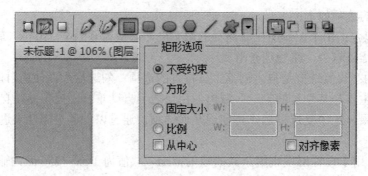

图 8-9　矩形工具的工具属性栏

矩形工具的工具属性栏与钢笔工具的工具属性栏非常类似。在矩形工具属性栏上要特别关注几何属性的设置，即图 8-9 中的"矩形选项"区域。"矩形选项"有以下设置：

(1) 不受约束：以鼠标拖曳的线条为对角线，绘制任意长宽比的矩形。

(2) 方形：以鼠标拖曳的线条为对角线，绘制大小不同的正方形。

(3) 固定大小：根据 W 和 H 文本框中的值，绘制指定长度和宽度的矩形。系统默认的度量单位为像素。

(4) 比例：根据 W 和 H 文本框中的值，绘制指定长宽比例的矩形。

(5) 从中心：勾选该复选框可以使鼠标拖曳的线条起点作为所绘制矩形的中心点。

(6) 对齐像素：勾选该复选框可以对矩形边缘像素进行重排，使其保持边缘清晰。本选项只针对矩形和圆角矩形工具才可使用。

2．圆角矩形工具

用于创建以各种圆角矩形形状为边界的闭合路径。其工具属性栏中的几何选项与矩形工具几乎一样，只在工具属性栏上多了一个"半径"选项。"半径"选项用于设置圆角矩形的圆角的半径值，取值为 0 px～1000 px，输入的数值越大，圆角矩形的圆角幅度越明显。

3．椭圆工具

用于创建以各种椭圆形状为边界的闭合路径。其工具属性栏中的几何选项与矩形工具几乎一样，只在几何选项中缺少了一个"对齐像素"选项。

4．多边形工具

用于创建以各种多边形形状为边界的闭合路径。其工具属性栏如图 8-10 所示。

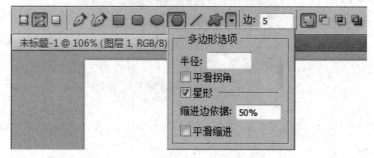

图 8-10　多边形工具的工具属性栏

使用多边形工具，首先要在"边："的文本框中设置所创建的多边形的边数目，取值为

3～100。"多边形"选项有以下设置：

(1) 半径：用于设置所创建多边形的外接圆大小。图 8-11 中的 a 图所示为半径为 80px 的五边形效果。

(2) 平滑拐角：勾选此复选框，可使多边形各边之间的连接处平滑圆润。图 8-11 中的 b 图所示为半径为 80 px 的五边形平滑拐角的效果。

(3) 星形：勾选此复选框，可设置星形的多边形效果。

(4) 缩进边依据：用于设置星形的内角缩进程度，取值为 1%～99%，输入值越大，内角缩进越明显。图 8-11 中的 c 图所示为半径为 80 px 的五边形，带平滑拐角和 50%的缩进形成的星形效果。

(5) 平滑缩进：勾选此复选框，可使星形各边之间的连接处平滑圆润。图 8-11 中的 d 图所示为半径为 80 px 的五边形，带平滑拐角和 50%的缩进，并且平滑缩进后形成的星形效果。

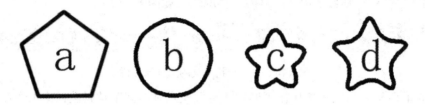

图 8-11　不同几何选项的五边形效果

5. 直线工具

用于创建以各种直线形状为边界的闭合路径，其工具属性栏如图 8-12 所示。

图 8-12　直线工具的工具属性栏

使用直线工具，首先要在"粗细："文本框中设置直线的宽度，取值为 1 px～1000 px。若要将直线设置为带箭头的形状，可以使用几何选项，"箭头"区中各个选项设置如下：

(1) 起点：用于设置直线的起始端是否为箭头形状。

(2) 终点：用于设置直线的终止端是否为箭头形状。

(3) 宽度：在选中"起点"或"终点"复选框后，控制箭头的宽度与直线粗细的比例关系，取值为 10%～1000%。与"长度"搭配使用可以控制箭头大小及比例。

(4) 长度：在选中"起点"或"终点"复选框后，控制箭头的长度与直线粗细的比例关系，取值为 10%～5000%。

(5) 凹度：在选中"起点"或"终点"复选框后，控制箭头尾部形状，取值为–50%～50%。

图 8-13 中 a 图所示为粗细为 15 px，选中起点、终点后，宽度为 300%，长度为 600%，凹度为 20% 的直线箭头效果；b 图为凹度为–20%，其他参数设置值与 a 图相同的直线箭头效果。

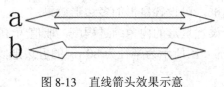

图 8-13　直线箭头效果示意

6. 自定形状工具

用于创建以各种特殊的自定义形状为边界的闭合路径。若将自定形状工具的工作模式设置为"形状图层"，则自定形状工具的工具属性栏如图 8-14 所示。

图 8-14　自定形状工具的工具属性栏

如图 8-4 所示，当工具工作在"形状图层"模式时，其工具属性栏比工作在其他模式下要多出一些与样式有关的内容设置。

(1) ⬛按钮：按下此按钮，表示图像窗口中对当前形状层所做的操作与工具属性栏上相关样式选项及颜色选项会相互影响。若与像素颜色有关，将影响形状图层中满布像素的图层；若与样式有关，则直接把这种变化记录到工具属性栏上所选中的样式缩览图中，以供下次创建同样样式的形状层使用。

(2) 样式 ⬛ ▾：单击最右侧的黑色小三角，可以展开"样式"拾色器，从中选择需要的样式，样式拾色器可选择的样式与样式面板列表中一致。如果说工具属性栏上打开的样式拾色器只能选择样式，则利用样式面板能完成的操作要更多。

① 单击"窗口"菜单的"样式"命令，可打开如图 8-15 所示的样式面板。

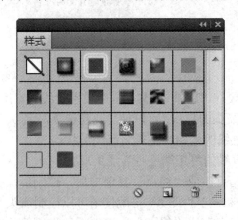

图 8-15　样式面板

② 单击样式面板中的某个样式，可以直接将该样式应用到当前图层上。

③ 单击样式面板下方的◎，可将当前图层上所使用的图层样式效果删除。

④ 单击样式面板下方的◻，可将当前图层上使用的图层样式效果保存到样式面板中。

⑤ 单击样式面板下方的🗑，可将选中的样式面板中的样式效果从样式面板中删除。

⑥ 单击样式面板右侧的▤，可展开样式面板的级联菜单，完成诸如"复位"样式、"载入"样式、"存储"样式、"替换"样式等更多的操作。

这里的所说的样式都是指图层样式，关于图层样式的知识点，将在第九章图层中进行详细介绍。

(3) 颜色■：用于设置形状图层中满布像素的图层所使用的像素颜色。当按下◨按钮时，对此颜色的修改将直接作用到形状层上。

8.2.3 路径选择工具组

路径选择工具组用于选择和编辑已经存在的路径，包括路径选择工具和直接选择工具。

1. 路径选择工具▶

将整条路径作为选择单位进行路径选择。

若要选中一条路径，将鼠标在该路径任意位置单击即可；若要选中多条路径，拖曳鼠标将这些路径圈入虚框内即可。

2. 直接选择工具▷

将路径的各种组成元素，作为单独可控的选择单位进行路径选择。

若要操作单个锚点，可先单击路径，将该路径上所有元素展示出来，然后直接对要选择的锚点进行相应操作；若要操作某条直线段或曲线段，可先单击路径，将该路径上所有元素展示出来，然后直接拖动该线段；若要同时操作路径上的多个元素，可先使用鼠标拖曳出虚框来圈定这些元素，然后再执行相应的操作。

选定路径或要操作的路径元素后，即可对它们进行各种路径编辑。

1) 移动路径

使用路径选择工具选中路径后，按住鼠标左键，直接将其拖动到新位置，即可完成所选路径的位置移动。如图 8-16 所示，下方黑色粗线箭头为原来路径位置。

图 8-16　移动整条路径

使用直接选择工具选中路径上要操作的元素后，按住开鼠标左键，直接将其拖动到新位置，即可完成所选元素的位置移动。如图 8-17 所示，下方黑色粗线箭头为原来路径位置。

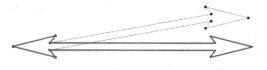

图 8-17　移动部分路径

2) 调整路径

调整路径主要通过直接选择工具来完成。

可以选择单独的路径元素进行路径调整。如图 8-18 所示，a 图是原路径效果，b 图为鼠标拖动编号为 1 的锚点移动位置后产生的效果，c 图为鼠标拖动编号为 2 的曲线段移动位置后产生的效果。

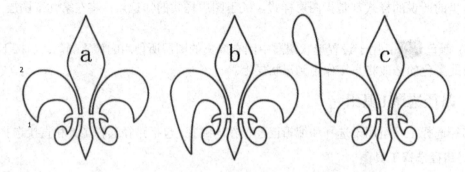

图 8-18　按路径不同元素进行路径调整

也可以针对所选择的锚点进行路径调整。如图 8-19 所示，a 图是原路径效果，b 图为更改编号为 2 的平滑点的方向点位置及方向线长度后所产生的效果。若要转换锚点性质，可使用钢笔工具组中的转换点工具，c 图即为将编号为 2 的平滑点转换为拐点后的效果。

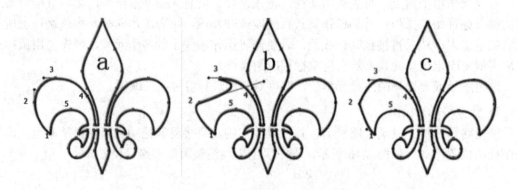

图 8-19　针对锚点进行路径调整

3) 删除路径

删除路径包括删除整条路径、删除部分路径和删除路径组成元素三种不同情况。

(1) 删除整条路径通常使用路径选择工具，选中路径后，按 Delete 键将其删除，或者在选中路径上单击鼠标右键，从弹出的快捷菜单中选择"删除路径"命令。

(2) 删除部分路径可使用直接选择工具，拖曳鼠标光标把要删除的路径部分框选起来后，按 Delete 键将其删除。

(3) 删除路径的组成元素可使用直接选择工具，在路径上单击，当路径的所有组成元素出现后，使用鼠标左键单击选中要删除的元素，按 Delete 键将其删除。如图 8-20 所示，a 图为原路径效果，b 图为删除编号 1 的锚点后路径的效果，c 图为删除编号 2 的直线段后路径的效果，d 图为删除编号 3 的曲线段后路径的效果。

图 8-20　删除路径不同元素的效果

4) 描边路径

描边路径可以为当前选中的路径添加轮廓边缘的效果。描边路径不仅与选中的路径有关，还与使用的绘图工具以及该绘图工具的当前设置有关。

选中路径后单击鼠标右键，从快捷菜单中选择"描边路径"命令，打开如图 8-21 所示的"描边路径"对话框。对话框主要包含两个设置项目：

(1) 工具：用于设置描边使用的工具。

图 8-21　"描边路径"对话框

(2) 模拟压力：用于设置画笔工具在描绘路径轮廓时模拟毛笔的书写习惯和效果，即在落笔和提笔时会出现尖笔头的效果。如图 8-22 所示，图中描边工具选择使用画笔，设置

图 8-22　画笔描边路径示意图

视频 8-2　路径描边

画笔为 5 px 大小，硬度为 80%，为保证"模拟压力"选项有效，设置画笔的形状动态控制项为"钢笔压力"，其他使用默认值。编号为 1 的路径，是没有选中"模拟压力"复选框直接进行描边的效果；编号为 2 的路径，选中"模拟压力"复选框后进行描边的效果。

5) 填充路径

填充路径将为当前选中的路径所包围的区域添加满布前景色像素的效果。填充路径不仅与选中的路径有关，还与使用什么内容、以什么形式填充有关。

选中路径后单击鼠标右键，从快捷菜单中选择"填充路径"命令，打开如图 8-23 所示的"填充路径"对话框。对话框共包含三个设置区域：

(1) 内容区：用于设置填充使用的内容。有前景色、背景色、颜色、内容识别、图案、历史记录、黑色、50%灰色和白色共 9 种不同填充内容可供选择。

(2) 混合区：用于设置填充的像素与原来的同位置像素之间的混合关系。可以设置颜色混合模式、不透明度，并可控制是否允许在透明区域内容中增加新像素内容。

(3) 渲染区：用于设置填充像素的边缘与背景的过渡效果。这个区域是"填充路径"对话框与"填充"对话框的区别之处。渲染区包括以下设置：

① 羽化半径：用于设置填充路径时使用的选区羽化程度，取值范围为 0～250 像素，输入值越大，填充路径时使用的选区羽化效果越明显。

② 消除锯齿：该复选框用于设置是否需要对色块边缘进行平滑过渡。

图 8-23　"填充路径"对话框

如图 8-24 所示，a 图是使用前景色，并将不透明度设置为 50%，羽化半径设置为 10 像素时填充路径的效果；b 图是使用气泡图案填充路径，其他参数沿用 a 图设置的效果；c 图是使用历史记录作为填充内容，模式为"叠加"，不透明度为 100%时填充路径的效果。

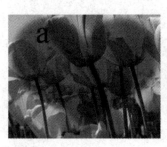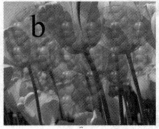

图 8-24　"填充路径"对比

6) 剪贴路径

若需要从背景图中"抽出"对象,并将该对象以透明背景的形式置入到其他软件中,可以使用剪贴路径。剪贴路径的功能是将路径内的图像输出到 InDesign 等排版软件中,同时忽略路径外的所有内容。

将路径存储后,选择路径选择工具或直接选择工具,使用鼠标右键单击该路径,从弹出的快捷菜单中选择"剪贴路径"命令,打开如图 8-25 所示的"剪贴路径"对话框。

图 8-25 "剪贴路径"对话框

在"剪贴路径"对话框中可以进行以下设置:

(1) 路径:用于选择要进行剪贴的路径。

(2) 展平度:用于设置模拟组成曲线的直线段效果。展平度取值范围为 0.2 设备像素~100 设备像素,展平度值越小,组成曲线的直线段越多,曲线越平滑。若对展平度设置没有把握,可以将此选项空置,输出图像时会 Photoshop 自动使用打印机内定的设置。

7) 变换路径

选择路径选择工具或直接选择工具,使用鼠标右键单击要进行变换的路径,从弹出的快捷菜单中选择"自由变换路径"命令。进入自由变换模式,搭配变换工具属性栏可对选中的路径进行自由变换,其变换方式与"编辑"菜单中介绍的自由变换命令一样。

8.3 路 径 面 板

勾选"窗口"菜单中的"路径"命令,可以打开如图 8-26 所示的路径面板。通过路径面板可以对路径进行新建、复制、删除等多种操作。

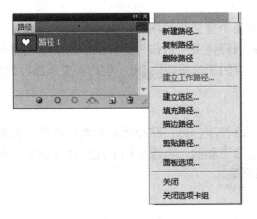

图 8-26 路径面板

8.3.1　工作路径

工作路径通常被认为是一个临时路径，在 Photoshop 中，在每个图像上可以创建且最多只能创建一个工作路径。当矢量工具在"路径"模式下工作时，在图像上所绘制的路径，Photoshop 自动保存在路径面板的工作路径中。

当路径面板中没有选中任何一个路径时，若在图像窗口中绘制路径，Photoshop 默认将路径保存在路径面板的工作路径中，若原来的工作路径中有内容，这些内容会被新路径覆盖而消失。

要保存原来工作路径中的内容不被覆盖，可以将工作路径存储为普通路径。具体的操作方法有以下两种：

(1) 将工作路径项拖曳到路径面板下方的新建按钮 上，Photoshop 自动将工作路径按已存在的路径编号递增命名，保存为"路径 XX"；

(2) 鼠标双击工作路径项，或展开路径面板级联菜单选择"存储路径"命令，均可打开如图 8-27 所示的"存储路径"对话框，将工作路径重命名后将其存储为普通路径。

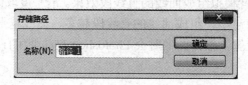

图 8-27　"存储路径"对话框

8.3.2　新建与存储路径

路径面板级联菜单中的新建命令用于创建一个普通路径存储区作为当前绘制路径的保存位置。使用路径面板下方的新建按钮 ，也可以在路径面板上创建一个新路径项。

当保存当前选中的工作路径时，路径面板的级联菜单将出现"存储路径"命令，用于将工作路径保存为普通路径。

8.3.3　复制路径

当选中路径面板中的某个普通路径项时，路径面板的级联菜单中将出现"复制路径"命令，用于将选中的路径原样拷贝一份作为原件的副本放置在路径面板中。将选中的普通路径项拖曳到路径面板下方的新建按钮 上，也可实现该路径的复制。

8.3.4　删除路径

选中路径面板中任一路径项，可在路径面板的级联菜单中看到"删除路径"命令，用于将选中的路径从当前图像中删除。将选中的普通路径项拖曳到路径面板下方的删除按钮 ，也可实现该路径的删除。

8.3.5　路径与选区

路径与选区是可以互相转换的，已经创建的路径可以转换为选区，而已经存在的选区也可以转换为路径。

1．路径转换为选区

选中路径面板中任一路径项，均可在路径面板的级联菜单中看到"建立选区"命令，用于将选中路径转换为对应形状的选区。执行"建立选区"命令，弹出如图 8-28 所示的建立选区对话框。

图 8-28 "建立选区"对话框

在"建立选区"对话框中可进行以下设置：

(1) 渲染区：用于设置路径转换得到的选区的羽化程度。

(2) 操作区：用于设置路径转换得到的选区与已有选区之间的关系。

若不需要对路径转换为选区时的参数进行设置，可以在选中路径后，直接使用鼠标单击路径面板下方的"将路径作为选区载入"  按钮，让 Photoshop 按默认参数进行选区创建。

2．选区转换为路径

选中当前图像窗口中任意的选区形状，均可转换为路径保存到路径面板中，并进行路径编辑。

当图像窗口中存在选区时，执行路径面板的级联菜单中"建立工作路径"命令将弹出如图 8-29 所示的"建立工作路径"对话框。

图 8-29 "建立工作路径"对话框

"建立工作路径"对话框中的"容差："用于设置转换得到的路径与选区的相似度，取值范围为 0.5 像素～10 像素。输入数值越小，转换得到的路径与原来的选区形状越相似。

若不需要对路径转换为选区时的参数设置，可以在选中路径后直接使用鼠标单击路径面板下方的"从选区生成工作路径" 按钮，让 Photoshop 按默认参数根据选区进行路径创建。

8.3.6 路径描边和填充

选中一条路径时，可以单击路径面板下方的 按钮完成使用当前画笔进行路径描边的操作。若要更改描边所使用画笔的设置，可直接在工具箱中选择相应工具并进行设置，再单击 ◎ 按钮时，即可使用刚刚设置过的绘图工具进行路径描边。如图 8-30 所示，a 图是在设置了铅笔工具后直接单击 ◎ 按钮进行描边路径后的效果；b 图是在设置了涂抹工具后直接单击 ◎ 按钮进行描边路径后的效果；c 图是在设置了减淡工具后直接单击 ◎ 按钮进行描边路径后的效果。

图 8-30　利用路径面板进行路径描边

选中一条路径时，可以单击路径面板下方的 ◎ 按钮，使用当前系统的前景色进行路径填充。若要更改填充颜色，可先设置前景色，则在单击 ◎ 按钮时，即可使用所设置的前景色进行路径填充。在路径面板中，使用 ◎ 按钮不能实现除了前景色之外其他内容的填充。

8.4　课堂示例及练习

1．简单标志
内容：新建一个名为"简单标志.psd"的标准图像文件，参考图 8-31 制作一个简单标志。

视频 8-3　简单标志效果

图 8-31　简单标志参考图

提示：
(1) 使用形状工具时，要注意设置工作模式不同，后续操作不同。
(2) 利用路径计算来实现交叠区域的效果。

2．立体标志
内容：新建一个名为"立体标志.psd"的标准图像文件，参考图 8-32 制作一个立体标志。

视频 8-4　立体标志效果

图 8-32　立体标志参考图

提示：

(1) 使用形状工具获得平面标志。

(2) 利用样式面板来为形状层添加立体效果。

3. 高光圆环

内容：新建一个名为"高光圆环.psd"的标准图像文件，参考图 8-22 制作高光圆环效果。

提示：

(1) 利用椭圆选区获得圆环基本形状。

(2) 利用"亮度/对比度"命令制作立体圆环。

(3) 利用路径描边制作圆环上的高光效果。

4. 彩飘字

内容：新建一个名为"彩飘字.psd"的标准图像文件，参考图 8-33 制作彩飘字效果。

视频 8-5　彩飘字效果

图 8-33　彩飘字参考图

提示：

(1) 利用自由钢笔工具获得文字形状。

(2) 将文字转换为路径。

(3) 利用路径描边制作用彩飘字效果。

5. 字中字

内容：新建一个名为"字中字.psd"的标准图像文件，参考图 8-34 制作字中字效果。

视频 8-6　字中字效果

图 8-34　字中字参考图

提示：

(1) 利用文字工具获得文字形状。

(2) 将文字定义为画笔。

(3) 将文字转换为路径。

(4) 利用路径描边制作用字中字的效果。

第9章 图 层

　　图层是 Photoshop 的重要组成部分之一,对图像编辑提供了很大的便利;使得原来只能通过通道或其他复杂操作才能完成的工作,现在直接在图层上通过图层或图层样式就可以实现。本章将介绍 Photoshop 中图层的概念、分类以及常用操作。

9.1 图 层 简 介

　　为了方便图像的制作、处理与编辑,Photoshop 将图像中的各个部分独立起来,对任何一部分的编辑操作对其他部分都不起作用,这些独立起来的每一部分称之为图层。简单来说,图层就是 Photoshop 中提供的用于绘画和编辑的“纸张”。

　　Photoshop 中的图像可以由多个不同种类的图层组成,呈现出的图像效果是这些图层共同作用的结果。

　　通常,Photoshop 默认使用的图层是透明的,能够显示出下方图层的像素效果。不同图层上的像素群在操作上相对于其他图层独立,同时图层的叠放顺序不同会造成像素群的相互遮盖,影响最终的显示效果,如图 9-1 所示。

图像

图层1

图层2

图层3

视频 9-1 图层特性

图 9-1 图层示意图

图层具有以下特点：

(1) 透明性：默认新建的普通图层均为透明图层，除非上方图层中的图像完全遮盖住下方的图层中的图像，否则可以通过上方图层中的图像查看下方图层中的图像。

(2) 独立性：默认情况下所有的操作只能对当前图层上的对象进行操作，不会影响其它图层的对象。

(3) 层次性：由于图层叠放次序不同，所以在重叠区域存在相互遮挡关系的不同，并导致最终展示的效果也不同。

9.1.1　图层类型

在 Photoshop 中除了透明的图层外，还有很多不同类型的图层。正如画画用到的纸张一样，纸不同画出的效果不同，Photoshop 中的图层类型不同，特性也不同，在操作上也将各有差异。Photoshop 提供了 6 种不同类型的图层。

1. 背景层

当在 Photoshop 中打开一幅素材图像时，通常图像的所有像素都放置在背景层上。以 Photoshop 默认的方式新建一个图像文件时，也会得到一个背景层以供进行图像编辑。默认情况下，Photoshop 认为一幅图像应当有而且只有一个位于最下方的背景层。

Photoshop 的背景层类似于绘画时使用的画布。画布在绘图过程中不会挪动且画布上所有的区域均可以用来绘图，即便在没有绘图的地方也会显示出画布本来的纹理和颜色。同理，背景层也是不允许移动和清空的，即背景层是不允许出现透明区域，且不能与其他图层换位的"纸张"。若在背景层上清除某个区域内的像素，则 Photoshop 自动以当前的背景色填充这个区域。

2. 普通层

默认情况下，Photoshop 以灰白相间的方格表示透明区域。新建的普通层完全由这样的方格表示，说明它是没有像素存在的，完全透明的"纸张"。普通层出现的意义是希望在普通层上进行的位图操作不受限制。

3. 文字层

文字层不能进行位图操作，只能完成文字编辑，是为了创建和编辑文字矢量图而出现的"纸张"。

4. 形状层

形状层不能进行位图操作，只能使用路径工具创建和编辑，是为了在 Photoshop 中创建和编辑各种矢量图形而引入的"纸张"。

5. 填充层

填充层是与一幅灰度位图捆绑存在，并单独填充以某种颜色、渐变或图案的"纸张"。与填满像素的普通层不同，填充层上图像的显隐由与之捆绑在一起的灰度位图决定。

6. 调整层

调整层是可以在不破坏图像像素的情况下，对其下方可见像素的色调进行修改编辑的特殊图层。调整层与一幅灰度位图捆绑存在，且单独看来是一个完全透明的"纸张"。调整层的调整作用范围由与之捆绑在一起的灰度位图决定。

9.1.2 图层转换

Photoshop 中的不同图层，作用不同，操作也各有限制。在实际操作中，有时候需要转换图层的类型，图 9-2 所示为不同类型图层之间的转换关系。

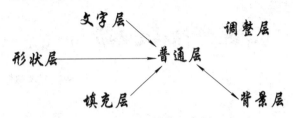

图 9-2 图层转换示意图

要实现将背景层转化为普通层，可双击图层面板中背景层名称，对其进行改名；或是按住 Alt 键后双击图层面板中的背景层，对背景层进行重命名。

要实现将普通层转化为背景层，可选中要作为背景的图层，然后执行"图层"菜单"新建"子菜单中的"图层背景"命令。注意，仅仅对图层重命名是不能让使其成为背景层的。

要实现将文字层、形状层或填充层转换为普通层，可使用鼠标右键单击要转换的图层打开快捷菜单，选择"栅格化"命令；也可使用"图层"菜单中的"栅格化"子菜单的相应命令。但要注意，这种图层的转换是单向的。

如图 9-2 中所示，调整层与其他任何图层没有联系，这是因为调整层本身没有像素，不存在栅格化后可操作的可能。

9.2 图层基本操作

对图层的操作主要通过"图层"菜单和图层面板来实现。

9.2.1 图层面板

Photoshop 提供了"图层"菜单和图层面板用于管理和操作图层。几乎所有与图层相关的操作都可以在图层面板中完成。如图 9-3 所示为图层面板中常见标识。

1. 设置图层混合模式

单击图层混合模式下拉列表中的选项，可以对当前图层与下方图层的颜色混合方式进行设置。图层的混合模式与在绘图工具中介绍的颜色混合模式几乎是一样的。若当前设置混合模式的不是图层而是图层组时，则会多一种可设置的"穿过"模式。当图层组设置为"穿过"模式时，表示图层组本身没有混合属性，图层组中的所有图层均按自身所设置的混合模式与图层组外部的图层进行混合。当图层组的混合模式为"穿过"以外的其他模式时，Photoshop 会合成图层组中所有的图层，即将整个图层组中所有图层的效果视为单独的一幅图像，并使用图层组设置的混合模式与其他图层进行混合。

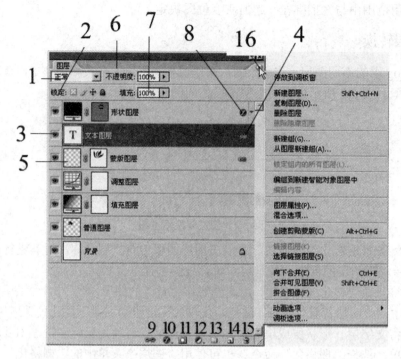

图 9-3   图层面板常见标识

2．设置图层锁定

图层面板上的图层的锁定区有四种不同的锁定方式。从左到右的锁定按钮依次的是：

(1) 锁定透明像素：图层的透明像素被锁定后，所有的操作只能针对有像素的区域进行。

(2) 锁定图像像素：图层上所有像素将无法进行任何编辑操作，但可进行移动与自由变换等操作。

(3) 锁定位置：图层上所有像素不能进行移动和自由变换等操作。

(4) 锁定全部：同时锁定图层的透明像素、图像像素和位置。

3．设置图层的显隐

单击 标记，可以控制图层的显隐。 标记出现，对应图层可见； 标记消失，对应图层不可见。

4．图层链接标记

当一个图层与其他图层有链接关系时，除了当前图层外，其他图层都会在图层项后方出现链接标记 。

5．图层缩览图

图层面板中的缩览图用于展示本图层上像素的总体效果。缩览图的效果和尺寸可在图层面板的级联菜单中进行设置。单击级联菜单中的"面板选项"打开"图层面板选项"对话框，"缩览图大小"区域可设置缩览图的尺寸；"缩览图内容"区域可设置缩览图效果。

6．设置图层不透明度

图层的不透明度决定了该图层上所有内容的显示效果，同时还决定了图层下方的内容能否被完全显示的程度，取值范围为 0%～100%，取值越大，图层下方内容被遮盖的越明显。当取值为 0%时，对应图层完全透明，下方内容完全被显示；当取值为 100%时，对应图层本身完全不透明，图层下方内容的显示效果由图层中内容的不透明度决定。

7．设置图层填充不透明度

图层的填充不透明度只能决定该图层上像素的显示效果同时还决定了图层。下方的内容能否被完全显示的程度，取值为范围 0%～100%，取值越大，图层下方内容被遮盖的越明显。当取值为 0%时，对应图层上的像素将完全透明，下方内容很可能完全被显示；当取值为 100%时，对应图层有像素的区域完全不透明，下方内容在此区域内的部分将完全被遮盖。

利用图层填充不透明度的设置，可以不显示图层上的像素效果，而只显示图层中附加在像素上的图层样式效果。

8．图层样式标记

图层样式标记表示该图层添加了图层样式。图层上除了像素外，还有附着在像素上的图层样式效果。

9．设置图层链接按钮

当在图层面板中选中多个图层时，单击此按钮将把所选图层创建为具有链接关系的图层。

10．添加图层样式按钮

单击此按钮打开图层样式列表，选择任意选项将打开对应的"图层样式"对话框，可在对话框中为当前图层添加指定的图层样式。

11．添加图层蒙版按钮

单击此按钮将为当前图层添加图层蒙版。

12．添加"填充层"或"调整层"按钮

单击此按钮打开列表，从中选择相应选项可创建"填充层"或"调整层"。

13．设置图层组按钮

单击此按钮将创建一个图层组，之后创建的图层将默认作为图层组成员。

14．新建图层按钮

单击此按钮将在当前图层上新建一个由 Photoshop 自动命名的普通层。若按住 Alt 键并单击该按钮，可打开"新建图层"对话框，创建一个自定义的普通层；若按住 Ctrl 键并单击该按钮，可在当前图层(除背景层外)下方创建一个系统自动命名的普通层。

15．删除图层按钮

单击此按钮将删除当前图层，或删除选中的图层。如图层面板中只有一个图层，删除按钮不可使用。

16．级联菜单控制按钮

单击此按钮可展开图层面板的级联菜单。

9.2.2　图层的创建

不同类型的图层创建方法也不同。以下是各图层的创建方法：

1．创建背景层

执行"文件"菜单中的"新建"命令或按 Ctrl+N 组合键，均可打开"新建"对话框，创建设置"背景内容"为"白色"或"背景色"的背景层。

可以为一个已经打开但没有背景层的图像创建背景层。在图层面板中选中要作为背景层的图层，执行"图层"菜单的"新建"子菜单中的"背景图层"命令，可将选中的图层创建为背景层。

面板的属性设置都为灰色的

图层面板中的"背景层"如图 9-4 所示。由图可知，Photoshop 不允许对背景层进行"混合模式""锁定""不透明度"和"填充"等属性的更改，同时也无法调整背景图层与其他图层的叠放次序。

图9-4　图层面板中的背景层

2．创建普通层

创建普通层的创建方式很多，常用方法有以下三种，如图 9-5 所示。

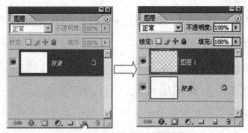

"单击新建按钮"创建普通图层

"粘贴"或"移动"创建普通图层

"转换图层类型"创建普通图层

图 9-5　创建普通层

(1) 通过新建图层：单击图层面板下方的"创建新图层"按钮，或执行"图层"菜单中的"新建"子菜单命令"图层"，来创建一个新的普通层。

(2) 通过已有图像：可以通过粘贴剪切板中的内容，或使用 Ctrl + V 组合键来创建一个有指定内容的普通层；还可以使用移动工具，直接将其他图像中选定的像素群拖曳到当前的图像窗口，来创建一个有指定内容的普通层。

(3) 通过图层转换：使用"图层"菜单的"栅格化"中的各项命令来将其他类型的图层转换为普通层。

3．创建文字层

当使用工具箱中的文字工具组中的"横排文字"工具或"直排文字"工具创建文本对象时，Photoshop 会在图层面板中自动生成一个标志为 T，用于编辑当前文本对象的文本图层，如图 9-6 所示。

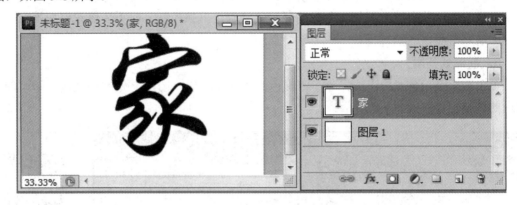

图 9-6　创建文字层

4．创建形状层

在"形状图层"模式下使用"钢笔"、"自由钢笔"或"形状"工具创建矢量图时，Photoshop 会在图层面板中自动创建一个形状图层，如图 9-7 所示。

图 9-7　创建形状层

5．创建填充层

单击图层面板按钮选择"纯色"、"渐变"或"图案"可创建填充内容分别为单一的颜色、渐变或图案的填充图层，如图 9-8 所示。

视频 9-2　填充层

图 9-8　创建图案填充层

　　填充层填充的图案单独位于一个层上，而这个图案的显示效果由与其捆绑的灰度图来控制。换言之，使用填充层能对图像的显示效果进行单独控制，而不会修改添加填充层前图像的原始信息。

6. 创建调整层

　　单击图层面板 按钮选择除了"纯色"、"渐变"或"图案"外的列表选项即可创建相应的调整图层，如图 9-9 所示。

视频 9-3　调整层

图 9-9　创建黑白调整层

　　调整层与填充层类似，都有一个与之捆绑的灰度图。不同的是，调整层上捆绑的灰度图用于控制调整效果对下方图像的影响范围和力度。使用调整层对图像进行多种色彩处理时，不会修改之前图像的原始信息，并可对调整效果单独进行控制。

9.2.3　图层基本操作

1. 选择图层

　　选择图层操作可以在图层面板中完成。通常，图层面板中会有一个图层呈现为蓝色高亮状态，这个图层即为被默认为选中的当前图层。若要重新选择当前图层，可用鼠标左键单击图层面板中需要的图层，该图层即被选择作为新的当前图层；若要选择多个连续图层，可使用鼠标左键单击要选择的第一个图层，然后按住 Shift 键再单击要选择的最后一个图层；若要选择多个不连续的图层，可按住 Ctrl 键，同时使用鼠标左键单击选择需要的图层。若要选择链接图层，可以执行"图层"菜单的"选择链接图层"命令。

使用"选择"菜单也可实现图层的选择，"所有图层"命令用于选择除了背景层以外的所有图层；"相似图层"命令用于选择与当前图层类型一致的图层。

此外，利用移动工具搭配图层面板，可直接在图像窗口中快速选择图层。选择移动工具，按住 Ctrl 键后在图像窗口中单击某个对象，Photoshop 会自动在图层面板上定位该对象所属图层，并将其作为当前图层。

2. 移动图层

Photoshop 中的图像是其所有图层的综合显示效果，图层叠放的顺序不同，最终显示的效果可能也不一样。移动图层即是改变图层的叠放位置。

当图层面板中不止一个图层，且要移动的图层不是背景层时，可通过直接在图层面板中拖动图层，来将图层重新摆放到期望的位置。这一效果也可通过执行"图层"菜单"排列"子菜单中的不同命令来实现，如"置为顶层"、"前移一层"、"后移一层"、"置为底层"、"反向"等命令。其中，"反向"命令可以将选中的多个图层的叠放顺序进行反转，所以"反向"命令必须在选中两个或两个以上图层时才被激活。

3. 复制图层

当所需要的图层与已经存在的某个图层一模一样时，可以使用图层的复制操作。常用的图层复制方法有以下两种：

(1) 通过新建按钮：将要复制的图层直接拖曳到图层面板的新建按钮上，实现在当前图像中对选中图层的复制。

(2) 通过菜单命令：打开"图层"菜单或图层面板的级联菜单，执行"复制图层"命令，实现在当前图像中对选中图层的复制。

4. 删除图层

删除图层可有效缩减图像文件的大小。

利用图层面板的"删除"按钮可以删除图层。首先选中要删除图层，然后可将要删除图层直接拖曳到删除钮上，也可直接单击删除钮完成删除图层。利用"图层"菜单或图层面板的级联菜单命令也可删除图层。

若要删除的是隐藏图层，执行"图层"菜单的"删除"子菜单中的"隐藏图层"命令，或执行图层面板级联菜单中的"删除隐藏图层"命令。

删除链接图层中的部分图层，整个链接关系会被系统自动解除。所以，若要删除的是链接图层，可执行"图层"菜单的"删除"子菜单中的"链接图层"命令。

5. 合并图层

通过合并图层操作，可将多个可见图层合并为一个图层，有效减少图层数。Photoshop 提供了 3 种合并图层方式。

(1) 向下合并：执行"图层"菜单或图层面板级联子菜单中的"向下合并"命令，可实现当前图层与下方图层的合并，合并后图层名称保留原来下方图层的名称。此操作也可使用快捷键 Ctrl+E 来完成。

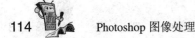

(2) 合并可见层：执行"图层"菜单或图层面板级联子菜单中的"合并可见层"命令，可实现图层面板中所有可见图层的合并，合并后图层名称保留合并前当前图层的名称。此操作也可使用快捷键 Ctrl+Shift+E 来完成。

(3) 拼合图像：执行"图层"菜单或图层面板级联子菜单中的"拼合图像"命令，可实现图层面板中所有可见图层的合并，合并后的图层被系统自动设置为背景层。拼合时，图层面板中若有隐藏图层，Photoshop 会提示隐藏图层将被删除。

6. 盖印图层

Photoshop 提供的图层盖印操作与合并图层的效果非常类似。盖印图层与合并图层的区别是，盖印图层虽然产生了一个合并效果层，但并不删除参加合并的源图层。所以，盖印不仅不会减少图层数量，还会导致图像文件占用的存储空间变大。盖印图层也有 3 种方式。

(1) 盖印相邻可见层：按下 Ctrl+Alt+E 组合键，实现当前图层盖印到下方图层，盖印后当前图层保持不变，下方图层效果被两图层合并的效果取代。

(2) 盖印可见层：按下 Ctrl+Alt+Shift+E 组合键，实现将图层面板中所有可见图层合并到一个新图层中，新图层位于当前图层上方，由 Photoshop 自动命名。

(3) 盖印图层组：若选择为一个图层组时，按下 Ctrl+Alt+E 组合键，可将图层组中所有可见图层合并到一个新图层中，新图层位于图层组上方，Photoshop 自动以"盖印的图层组名称+合并"进行图层命名。

7. 图层修边

Photoshop 提供了对图层的"修边"操作，用于消除当前图层上图像边缘附带的杂色或晕圈等杂质图层修边的命令如下：

(1) 执行"图层"菜单的"修边"子菜单中的"去边"命令，可根据用户输入的边缘宽度，用周围像素的效果替换图像边缘的像素效果。

(2) 执行"图层"菜单的"修边"子菜单中的"移去黑色杂边"命令，可以消除图层上图像边缘的黑色杂质。

(3) 执行"图层"菜单的"修边"子菜单中的"移去白色杂边"命令，可以消除图层上图像边缘的白色杂质。

(4) "修边"子菜单中的"颜色净化"命令只有选中带有图层蒙版的图层时才会被激活。执行"图层"菜单的"修边"子菜单中的"颜色净化"命令，可以消除图层上图像边缘的多余的颜色。

9.2.4 链接图层与图层组

1. 链接图层

链接图层是指在不合并图层的前提下，将图像中其他的图层与当前图层关联起来，作为一个整体共同完成移动、缩放、旋转等操作。

在图层面板中选择要作为整体的多个图层，执行"图层"菜单中的"链接图层"命令，将所选图层创建为链接图层。也可在选中要链接图层后单击图层面板的 ▣ 按钮来创建链接图层。

选中所有链接图层，执行"图层"菜单中的"取消链接图层"命令，或再次单击图层

面板的 按钮可以解除这些图层的链接关系。

2．图层组

图层组是图层面板中出现的一种特殊图层，其作用类似文件夹，是一个装载图层的容器。通常把有关联或同类型的图层装载在一个图层组中，方便管理图层。对图层来说，在不在图层组中，其本身的编辑是不受任何影响的。对图层组来说，它把其所有组员图层当作一个整体，并与图层面板中的其他图层相互作用。

单击图层面板上的 按钮，Photoshop 将在当前图层上创建一个图层组，并默认将该图层组作为之后创建的图层的存放位置。执行"图层"菜单的"新建"子菜单中的"从图层新建组"命令，也可以创建图层组，并将当前选中的图层作为新图层组的成员。若要退出图层组装载图层的状态，让之后创建的图层不再位于图层组中，可单击图层面板上任意一个非图层组或其成员的图层。若需要将图层组创建前已经存在的图层添加到图层组中，直接拖曳该图层到图层组中即可。

执行"图层"菜单或图层面板级联菜单中的"锁定组内的所有图层"命令，打开如图9-10 所示的"锁定组内的所有图层"对话框，其中的锁定项含义与图层面板中锁定区域中锁定项含义完全相同。设置不同的锁定项，将导致图层组中的所有图层的相应操作被限制。

图 9-10　"锁定组内的所有图层"对话框

按住 Alt 键双击图层面板上的图层组，打开如图 9-11 所示的"组属性"对话框，在对话框中可以进行组属性设置。执行"图层"菜单或图层面板级联菜单中的"组属性"命令，也可以进行组属性设置。

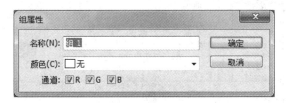

图 9-11　"组属性"对话框

在对话框中可对图层组重命名、设置图层组的颜色标记、控制该图层组的整体效果在显示时使用的颜色通道。

在图层组上单击鼠标右键，执行快捷菜单中的"取消图层编组"命令，可以将图层组中的组员图层保留并还原为图层面板中的自由图层，同时删除图层面板中的图层组项。

执行"图层"菜单的"删除"子菜单中的"组"命令，或执行图层面板级联子菜单中的"删除组"命令，均会弹出如图 9-12 所示的删除提示框。选择"组和内容"将会删除图层组及其所有成员；选择"仅组"，则删除效果与取消图层组一样。

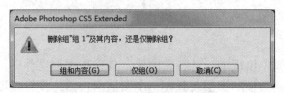

图 9-12 删除提示框

9.2.5 图层样式

Photoshop 提供的图层样式可以在图层上快速制作阴影、发光、浮雕、光泽等多种效果。需要注意的是，图层样式的作用范围是整个图层，但其表现则与图层上的像素密切相关。

1. 添加图层样式

Photoshop 允许为除了背景层以外的各种图层添加图层样式。常用的添加图层样式的方法有以下两种。

1) 使用图层面板添加图层样式

单击图层面板上的 按钮，可以为当前图层添加列表中指定的图层样式。在图层面板中鼠标左键双击要添加图层样式的图层，也可为其添加图层样式。

2) 使用菜单添加图层样式

执行图层面板级联菜单中的"混合选项"命令，可以为当前图层添加图层样式。执行"图层"菜单的"图层样式"子菜单中的命令，也可以为当前图层添加指定的图层样式。

2. 设置图层样式

无论使用哪种方式添加图层样式，都将打开如图 9-13 所示的"图层样式"对话框。对图层样式的设置将在"图层样式"对话框中的不同区域完成。

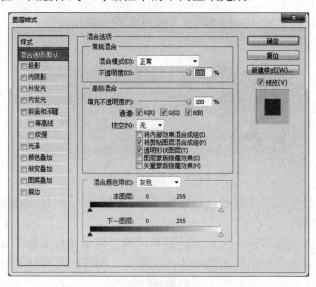

图 9-13 "图层样式"对话框

"图层样式"对话框左侧是图层样式效果选项。效果选项名前面的复选框用于选中对应层样式效果应用到当前图层。若要在应用层样式效果的同时，对层样式效果进行进一步的编辑或设置，使用鼠标左键单击效果选项，使其变成蓝色高亮显示状态，此时"图层样式"对话框右侧区域中将显示与该图层样式效果对应的设置选项。

下面分别介绍"图层样式"对话框中各个不同样式效果的设置。

1) 混合选项

当执行"混合选项"命令，或通过双击图层打开"图层样式"对话框时，样式区域将选中"混合选项"。

混合选项的设置选项区包括三个区域。

(1) 常规混合区域通过设置图层混合模式及图层不透明度来实现当前图层与图像窗口中其他图层的混合关系。

① 图层混合模式：用于设置当前图层与下方图层之间的像素相互作用的方式。包括特别为图层组设置的"穿过"模式在内，Photoshop 共提供了 23 种不同的图层混合模式。

② 不透明度：用于设置当前图层上所有内容的不透明程度。

(2) 高级混合区域通过更多图层混合选项的设置来实现当前图层与图像窗口中其他图层的混合关系。

① 填充不透明度：设置当前图层上像素的不透明程度，对图层样式没有影响。对于背景层、隐藏层或锁定全部的图层，无法设置其图层的不透明度和填充不透明度属性；对于不带图层样式的普通层、文本图层、填充图层或调整图层，其图层的不透明度和填充不透明度属性效果一样；形状层不透明度属性的效果与普通层完全一致，但填充属性对形状图层不起任何作用。

② 通道：将对图层的混合设置限定在指定颜色通道中。这里出现的通道情况与当前图像的颜色模式密切相关。

③ 挖空：设置穿透某个图层是否能看到下方其他图层的内容。影响挖空效果有两个主要因素：一是图层的填充不透明度，值越小，挖空效果越明显；二是"挖空"选项，可以设置"无"、"浅"或"深"三种不同挖空效果。"挖空"选项中的"深"或"浅"对挖空图层组才会产生差别，否则都是挖空到图层面板中最下面的一个图层进行显示。如图 9-14 所示为没有挖空的图像及图层状态。

图 9-14　挖空前图像及图层状态

视频 9-4　挖空图层

当设置挖空图层的填充不透明度为 0%时，图 9-15 中的左图显示了"浅"挖空后的图像及图层状态，而图 9-15 中的右图则显示了"深"挖空后的图像及图层状态。

图 9-15 挖空后图像及图层状态(左为浅挖空、右为深挖空)

④ 将内部效果混合成组：勾选后可以使该图层上的样式也具有图层的混合模式。

⑤ 将剪切层混合成组：默认情况下，基层的混合模式被强加到各个剪贴内容层中；若希望各个内容层使用各自不同的混合模式，可取消本选项。

⑥ 透明形状图层：可将效果限制在层的不透明区域，若取消本选项，则在整个图层应用效果。

⑦ 图层蒙版隐藏效果：勾选后使蒙版仅对图像有效，不影响图层样式效果。

⑧ 矢量蒙版隐藏效果：勾选后使图层样式效果被限制在蒙版定义的范围内。

(3) 混合颜色带区域可同时设置当前图层和下方图层的混合效果。图 9-16 为使用混合颜色带进行图像混合的效果。

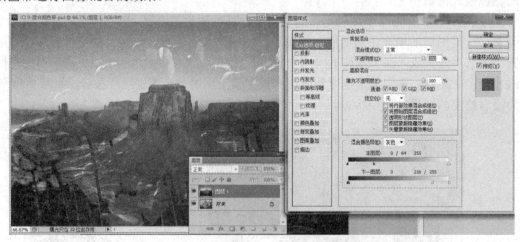

图 9-16 使用混合颜色带混合图像

① 混合颜色带：通过下拉列表选项的选择来控制参与混合的颜色通道，若选择"灰色"则系统按全色阶及通道来混合图像。

② 本图层：渐变条用于控制当前图层从最暗色调的像素到最亮色调的像素的显示情况。向右拖动黑色滑块，可以隐藏本图层的暗调像素，向左拖动白色滑块，可以隐藏本图层的亮调像素。

视频 9-5 混合颜色带

若希望隐藏图像时过渡比较柔和，可以按住 Alt 键再拖动滑块。

③ 下一图层：渐变条用于控制下方图层像素的显示情况。向右拖动黑色滑块，可以显示下方图层的暗调像素，向左拖动白色滑块，可以显示下方图层的亮调像素。

2) 投影

可以使用如图 9-17 所示的"投影"样式设置框为当前图层添加并设置投影图层样式效果。

(1) 角度选项用于设置光照角度。可以直接在文本框中输入数值，也可以使用鼠标在圆形区域中拖动来控制角度设置。

(2) 使用全局光复选框用于设置是否使用一个用于图像中所有图层的光照角度，保证所有图层的图层样式效果光照一致。不勾选时，角度设置只作用于当前图层。

(3) 距离选项用于设置投影偏离图像的位置。

(4) 扩展选项用于设置扩大投影边界的数值，这个设置作用于模糊投影之前。

(5) 大小选项用于设置投影的模糊程度。

(6) 等高线选项用于控制投影的形状。使用鼠标单击等高线选项旁的黑色向下三角，可展开等高线列表，其中默认有 12 种不同等高线可使用。单击等高线，可以进入等高线编辑器中设置所需要的等高线效果。此外，也可以单击展开的等高线列表右侧的级联菜单控制按钮，执行菜单命令"载入等高线"来从 Photoshop 外部获得等高线。

(7) 消除锯齿复选框用于设置是否消除边缘轮廓处的锯齿痕迹。

(8) 杂色选项用于设置添加到投影中的噪点数量。

视频 9-6 投影样式

图 9-17 "投影"样式设置框

3) 内阴影

可以使用如图 9-18 所示的"内阴影"样式设置框为当前图层添加并设置内阴影图层样式效果。内阴影的设置与投影非常类似。阻塞选项用于设置模糊前收缩阴影的边界。

图 9-18   "内阴影"样式设置框

4) 外发光

可以使用如图 9-19 所示的"外发光"样式设置框为当前图层添加并设置内阴影图层样式效果。

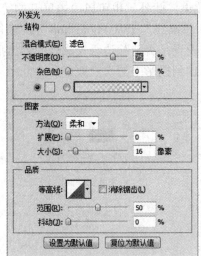

图 9-19   "外发光"样式设置框

(1) 颜色和渐变选项用于设置发光颜色效果。

(2) 方法选项用于设置光线柔和程度。

(3) 扩展选项用于设置发光亮度。

(4) 大小选项用于设置发光效果的模糊程度。

(5) 范围选项用于设置等高线轮廓的范围大小。

(6) 抖动选项用于设置发光颜色与不透明度自由随机化。

5) 内发光

可以使用如图 9-20 所示的"内发光"样式设置框为当前图层添加并设置内阴影图层样式效果。内发光的设置与外发光非常类似。源选项用于设置内发光的开始发光位置。

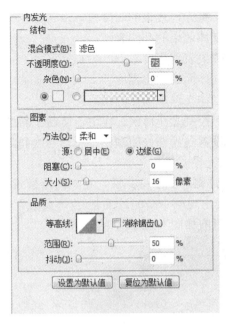

图 9-20 "内发光"样式设置框

6) 斜面和浮雕

可以使用如图 9-21 所示的"斜面和浮雕"样式设置框为当前图层添加并设置各种斜面及浮雕的立体图层样式效果。

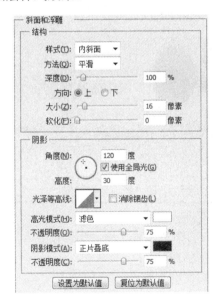

图 9-21 "斜面和浮雕"样式设置框

视频 9-7 描边浮雕

(1) 样式选项用于设置不同的立体效果,可以选择"内斜面"、"外斜面""浮雕""枕状浮雕"或"描边浮雕"。要注意的是"描边浮雕"要与"描边"样式合用才能见到浮雕效果。

(2) 方法选项用于设置立体效果的柔和程度。

(3) 深度选项用于设置三维立体效果的高度值。

(4) 方向选项用于设置立体效果的凸凹表现。

(5) 大小选项控制立体效果表现程度。

(6) 软化选项用于设置立体面的柔化程度。

(7) 高度选项用于设置立体光源与图像的距离。

(8) 光泽等高线选项用于控制光泽形状，作用于遮盖了斜面或浮雕之后。

(9) 高光模式选项用于设置高光部分的颜色、不透明度和混合作用的形式。

(10) 阴影模式选项与高光模式类似。

一旦选择添加"斜面和浮雕"图层样式后，在"图层模式"对话框左侧的样式列表中的。"斜面和浮雕"下方，会出现两个新的效果名，"等高线"和"纹理"。

(1) 勾选等高线效果将对应如图 9-22 所示的设置框。

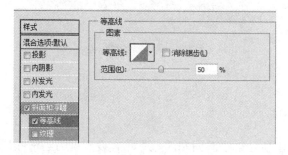

图 9-22　"斜面和浮雕"下的"等高线"设置框

(2) 勾选纹理效果将对应如图 9-23 所示的设置框。

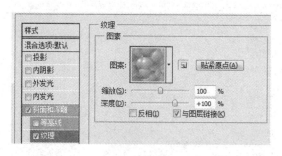

图 9-23　"斜面和浮雕"下的"纹理"设置框

① 图案：用于选择纹理使用的图案效果。

② 贴紧原点：单击该按钮可将移动后的图案位置还原。若没有勾选"与图层链接""紧贴原点"将控制图案原点与图像文档的原点对齐。

③ 缩放：用于控制用作纹理的图案的使用比例。

④ 深度：用于设置纹理的凸凹程度。

⑤ 反相：用于控制纹理的纹路凸凹反转。

⑥ 与图层链接：勾选后图案与图层作为一个整体被移动或变形。

7) 光泽

可以使用如图 9-24 所示的"光泽"样式设置框为当前图层添加并设置光泽图层样式效果。

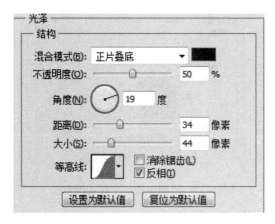

图 9-24　"光泽"样式设置框

光泽效果可以为图层的图像上色，并在图像边缘进行柔化，模拟一种类似绸缎的光泽效果，其设置选项与前面介绍过的选项类似。

8) 颜色叠加

可以使用如图 9-25 所示的"颜色叠加"样式设置框为当前图层添加并设置颜色叠加图层样式效果。颜色叠加效果可以直接在图层上填充指定颜色。

图 9-25　"颜色叠加"样式设置框

9) 渐变叠加

可以使用如图 9-26 所示的"渐变叠加"样式设置框为当前图层添加并设置渐变叠加图层样式效果。渐变叠加效果可以直接在图层上填充渐变。

图 9-26　"渐变叠加"样式设置框

10) 图案叠加

可以使用如图 9-27 所示的"图案叠加"样式设置框为当前图层添加并设置图案叠加图层样式效果。图案叠加效果可以直接在图层上填充指定图案。

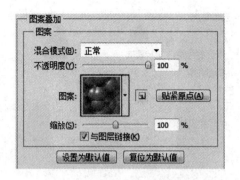

图 9-27   "图案叠加"样式设置框

11) 描边

可以使用如图 9-28 所示"描边"样式设置框为当前图层添加并设置描边图层样式效果。

图 9-28   "描边"样式设置框

① 大小选项用于指定描边像素宽度。

② 位置选项用于设置描边与图层中像素边缘的关系。可以指定"外部""内部"或"居中"三种不同形式。

③ 填充类型选项用于设置描边使用的内容为"颜色""渐变"、"图案"。

3．编辑和应用图层样式

1) 复制图层样式

当为一个图层创建了图层样式后，若需要将这个图层的样式效果作用到其他图层上，可使用菜单命令来完成图层样式的复制。

使用"图层"菜单的"图层样式"子菜单中的"拷贝图层样式"命令，可将当前图层的图层样式进行拷贝，选择需要产生图层样式的目标图层，执行"图层"菜单的"图层样式"子菜单中的"粘贴图层样式"命令即可完成图层样式的复制。还可以在图层面板中要拷贝图层样式的图层上单击鼠标右键，执行快捷菜单中的"拷贝图层样式"命令，然后在图层面板中的目标图层上单击鼠标右键，执行快捷菜单中的"粘贴图层样式"命令来实现图层样式的复制。

2) 修改图层样式

在图层面板上双击带有图层样式的图层，或单击要修改的图层样式效果名，即可打开

"图层样式"对话框，重新设置图层样式。

3）保存图层样式

图层样式可以被保存到样式面板中供今后直接使用。有两种方式可以保存图层样式。

（1）在图层面板选中一个带图层样式的图层；执行"窗口"菜单中的"样式"命令，打开样式面板；单击样式面板下方的新建按钮，将当前图层的图层样式保存到样式面板的样式列表中。

（2）直接在"图层样式"对话框中，单击"新建样式"按钮将当前设置的图层样式保存到样式面板中。

4）删除图层样式

在图层面板中选择带有图层样式的图层，展开其具体图层样式效果，用鼠标将某个具体效果名拖到删除按钮上，即可删除对应图层样式效果；用鼠标将"效果"拖到删除按钮上，即可删除该图层上所有图层样式效果。

此外，使用"图层"菜单的"图层样式"子菜单中的"清除图层样式"命令也可以删除图层上所有的图层样式效果。

5）应用图层样式

带有图层样式的图层在进行像素操作时，由于图层样式对图层的特殊作用，可能会出现不希望出现的效果。这时需要将图层样式应用到图层上，使图层样式对今后该图层上的像素操作不再产生影响。

在图层面板选中一个带图层样式的图层作为当前图层，在其下方创建一个普通层，将当前图层与新建的下方普通层合并，可以得到一个应用了图层样式后的普通层。

9.3 课堂示例及练习

1．幻影效果

内容：打开素材 9-1，参考图 9-29 制作人物幻影效果，并将结果保存为"幻影.psd"的标准图像文件。

视频 9-8 幻影效果

图 9-29 幻影效果参考图

提示：

(1) 使用魔棒或快速选择工具创建人物选区，将人物抠选出来。

(2) 将抠出的人物复制到多个不同图层。

(3) 利用变换命令获得大小不一的人物。

(4) 利用图层顺序和不透明度设置获得幻影效果。

2. 纹身效果

内容：打开素材 9-2 和 9-3，将蝴蝶作为纹理图案添加到人物皮肤上，参考图 9-30 制作人物纹身效果，并将效果保存为"纹身.psd"的标准图像文件。

视频 9-9　　纹身效果

图 9-30　　纹身效果参考图

提示：

(1) 使用选区工具抠取蝴蝶。

(2) 将蝴蝶复制到人物图层上方的图层。

(3) 利用图层混合模式及图层属性实现纹身效果

3. 透明字

内容：新建一个名为"透明字.psd"的标准图像文件，参考图 9-31 制作透明字效果。

视频 9-10　　透明字效果

图 9-31　　透明字参考图

提示：

(1) 利用文字工具获得文字形状。

(2) 在文字层上添加图层样式。

(3) 利用图层的填充不透明度属性获得透明字效果。

4. 环扣效果

内容：新建一个名为"环扣.psd"的标准图像文件，参考图 9-32 制作环扣效果。

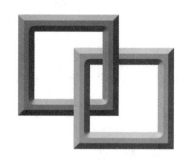

视频 9-11　环扣效果

图 9-32　环扣参考图

提示：

(1) 利用图层对齐获得单环平面效果。

(2) 利用图层样式获得单环立体效果。

(3) 利用图层复制获得多环效果。

(4) 利用应用图层样式操作和选区运算获得环扣效果。

5. 石版画

内容：新建一个名为"石版画.psd"的标准图像文件，参考图 9-33 制作石版画效果。

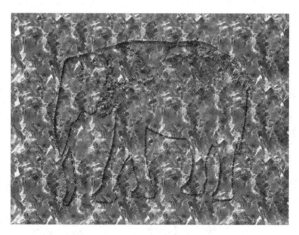

视频 9-12　石版画效果

图 9-33　石版画参考图

提示：

(1) 利用动物图案选区获得图层蒙版效果。

(2) 利用图层样式获得蒙版图案的立体效果。

(3) 调整图层"填充不透明度"获得石版画效果。

第10章　蒙　　版

　　蒙版就像是喷绘时候用的挡板，可以用来限制喷绘颜料的作用范围。根据产生和操作蒙版的方法不同，可以把蒙版分为位图蒙版和矢量蒙版两大类。

10.1　位图蒙版

　　位图蒙版包括快速蒙版、图层蒙版和剪贴蒙版三种，无论哪种位图蒙版，它实际上都是一幅灰度图，用各种位图编辑工具对该灰度图的操作都将直接影响对应的蒙版效果。

10.1.1　快速蒙版

　　可以把快速蒙版当做选区的另一种表现形式。快速蒙版用非蒙版色和蒙版色将原图像窗口中已有的选区和非选区区分开。默认情况下，原图像窗口中的选区部分在快速蒙版中保存不变，而原图像中的非选区部分在快速蒙版中则被半透明的红色蒙版遮盖住，此时只能使用各种灰色(包括黑和白)，在图像中进行位图编辑，以改变图像中选区的大小、形状、透明度等性质。如图 10-1 所示为选区在快速蒙版中的显示效果。设置蒙版色为标准绿(R:0，G:255，B:0)，图 10-1 中的右图为标准模式下显示的选区，左图为快速蒙版显示的同一选区效果。

　　　　快速蒙版模式　　　　　　　　　　　　标准显示模式

图 10-1　快速蒙版

1．快速蒙版的作用

　　默认情况下，快速蒙版是用一幅着了蒙版色的灰度图来描绘原图像中的选区状况。若原图像中没有创建任何选区，是否进入快速蒙版编辑状态对用户来说视觉效果是一样的，但之后的操作会大不相同，因为进入快速蒙版后做的任何操作，都只会影响将来的选区效果，对图像本身没有任何影响。

2．进入快速蒙版

使用鼠标左键单击工具箱底部的"以快速蒙版模式编辑"按钮，可以在图像的标准编辑模式与快速蒙版模式之间进行切换。默认情况下，Photoshop 处于标准编辑模式下工作。

3．设置快速蒙版

使用鼠标左键双击工具箱底部的"以快速蒙版模式编辑"按钮，打开"快速蒙版选项"对话框，对蒙版色指示的内容和蒙版色的效果进行设置。

使用鼠标左键单击对话框中的颜色块，可打开拾色器更改蒙版色。调整"不透明度"可以设置蒙版遮挡下原图像的显示效果。若要用蒙版色来表示原图像中已存在的选区，可设置"色彩指示"选项为"所选区域"。

4．使用快速蒙版

默认情况下，Photoshop 的蒙版色是一种透明度为 50% 的标准红色，图像窗口中被蒙版色遮盖的区域为非选区，无蒙版色的区域为选区。因为快速蒙版其实是由指定蒙版色的 256 个色阶构成的一幅特殊灰度图，所以只能使用包括黑色和白色在内的各种灰色在其中绘图，以产生各种形式的选区。

在快速蒙版编辑状态下，若使用黑色绘图，将在蒙版图像中添加蒙版色。若蒙版色指示的是"所选区域"，则在退出快速蒙版进入标准编辑状态时，会在原来的选区基础上增加选区；若蒙版色指示的是"被蒙版区域"，则在退出快速蒙版进入标准编辑状态时，会在原来的选区基础上减少选区。反之，在快速蒙版编辑状态下使用白色绘图，将在蒙版图像中擦除蒙版色，其对原有选区的影响也与蒙版的设置有关。

比较特殊的是在快速蒙版编辑状态下，使用某种灰色绘图时将产生半透明的选区，其透明程度与不仅与蒙版设置有关，更与绘制时所使用的灰色色阶有关。

10.1.2　图层蒙版

图层蒙版也可当做选区的一种另类表现形式。图层蒙版将原图像窗口中已有的选区和非选区，用显示和不显示区分开。在图层蒙版中只能使用各种灰色(包括黑和白)，在图像中进行位图编辑，以影响下方被图层蒙版遮盖的位图图像所显示内容的形状、透明度等性质。

1．图层蒙版的作用

图层蒙版是用一幅灰度图来遮盖一幅位图，用灰度图的不同色阶来控制下方位图的显示效果。若原图像中没有创建任何选区，添加图层蒙版后的视觉效果与原来没有添加蒙版时几乎是一样的。使用鼠标左键单击位图时，进入普通的位图编辑状态，原图像会随着编辑发生改变；使用鼠标左键单击图层蒙版时，进入蒙版编辑状态，这时做的任何操作都只会影响蒙版下方所遮盖的位图的显示效果，对其下方位图图像本身没有任何影响。图层蒙版的作用如图 10-2 所示。

原图像及图层状态　　　　　　　　　　　图层蒙版作用效果

图 10-2　图层蒙版

2．创建图层蒙版

使用鼠标左键单击图层面板底部的"添加图层蒙版"按钮，可以在当前图层的图像上添加一个图层蒙版。默认情况下，被图层蒙版遮盖的图层只能显示原有选区范围内的像素。

3．设置图层蒙版

使用鼠标左键双击图层面板中所出现的图层蒙版缩略图，打开"图层蒙版显示选项"对话框，对蒙版色效果进行设置。

使用鼠标左键单击对话框中的颜色块，可打开拾色器更改蒙版色。调整"不透明度"可以设置蒙版遮挡下原图像的显示效果。

4．使用图层蒙版

默认情况下，在图层面板中所显示的图层蒙版是一幅灰度图，只有进入通道面板查看对应的蒙版时才能看到蒙版色效果。按住 Alt 键使用鼠标左键单击图层蒙版，可实现只查看图层蒙版的灰度图，同时可编辑蒙版灰度图。

在图层蒙版中，黑色区域表示完全不显示下方图像，白色表示完全显示下方图像，若使用某种灰色绘图将获得半透明的显示效果，其透明程度与绘制时所使用的灰度色阶有关。因为图层蒙版用于控制下方位图的显隐，所以背景层不能使用图层蒙版。

图层蒙版的常用操作如下：

(1) 应用：蒙版灰度图消失，但蒙版对原下方位图的影响被记录到下方位图中。

(2) 扔掉：蒙版灰度图消失，同时蒙版对原下方位图的影响也消失。

(3) 停用/启用：停用时将保留蒙版灰度图，但不让其影响下方位图的显示效果。启用时则恢复蒙版影响。

(4) 断开与建立图层及其图层蒙版之间的关系：此选项决定蒙版与下方位图是否绑定在一起。若断开图层及其图层蒙版之间的关系，移动图层和移动蒙版可以各自独立操作；若建立图层及其图层蒙版之间的关系，则图层与蒙版在移动时会作为一个整体操作。

10.1.3 剪贴蒙版

剪贴蒙版由两个或两个以上的图层构成，是用位于剪贴蒙版最下方图层上的图像效果来控制剪贴蒙版上其他图层上图像的显隐效果。每个剪贴蒙版，必须有且只有一个基层，内容图层可有若干。

视频 10-1 剪贴蒙版

1．剪贴蒙版的作用

剪贴蒙版的作用如图 10-3 所示。

剪贴蒙版作用效果

原图像及图层状态

图 10-3 剪贴蒙版

在剪贴蒙版中，要被显隐的图层称为内容图层，其下方用于控制显隐的图层是基层。一个作为基层的图层，其名称用下划线标识。

基层图像的内容决定了内容图层的显示效果。

基层图像的不透明度将影响内容图层的显隐透明度。基层不透明度越高，内容图层显示的内容越清晰。

基层的图层混合模式决定了整个剪贴蒙版与图层面板中其他图层的混合方式，而内容图层的混合模式仅仅影响剪贴蒙版的混合显示效果。

2．创建剪贴蒙版

把鼠标光标设置在两个图层之间，按住 Alt 键并单击图层交界处，可在此处创建剪贴蒙版。再次按住 Alt 键单击这两图层交界处，可从剪贴蒙版中去除上方内容层的显隐控制。

3．剪贴蒙版的类型

根据剪贴蒙版的基层和内容层类型不同，剪贴蒙版可以分为四类。

(1) 位图剪贴蒙版：基层是位图的剪贴蒙版称为位图剪贴蒙版。这里的位图指栅格图像，位图既可以作为基层，又可以作为内容层。

(2) 文字剪贴蒙版：基层是文字层的剪贴蒙版称为文字剪贴蒙版。通常，文字层总是作为基层出现在剪贴蒙版中。

(3) 调整层剪贴蒙版：调整层通常作为内容图层出现在剪贴蒙版中。作为内容图层的调整层并作用于下方所有图层，而是仅仅对基层中的图像进行调整。当基层图像的位置或大小发生变化时，调整层剪贴蒙版会随之变化，如图 10-4 所示。

移动基层图像位置后的效果　　　调整层剪贴蒙版及图层状态

图 10-4　调整层剪贴蒙版

(4) 蒙版层剪贴蒙版：基层是带图层蒙版的位图图层，这种剪贴蒙版称为蒙版层剪贴蒙版。由于带图层蒙版的图层既可以通过图层图像本身来控制内容图层的显隐效果，又可以通过图层蒙版图像来控制内容图层的显隐，所以可以产生多种变化灵活的剪贴蒙版效果。

10.2　矢量蒙版

矢量蒙版实际上是一幅矢量图，各种矢量工具对该矢量图的操作也都将影响矢量蒙版的效果。

矢量蒙版的作用是以一幅矢量图来控制对下方图像的显隐效果。由于矢量图与分辨率无关，所以在缩放矢量蒙版时不会产生锯齿。创建锐边形状、边缘清晰的形状时，可以使用矢量蒙版，如图 10-5 所示。

原图像及图层状态　　　　　　　　矢量蒙版作用效果

图 10-5　矢量蒙版

10.3　课堂示例及练习

1. 编织图

内容：打开素材 10-1，参考图 10-6 制作编织效果，并将结果保存为"编织图.psd"的标准图像文件。

视频 10-2　编织图效果

图 10-6　编织图参考图

提示：

(1) 利用定义图案创建编织用的单个条幅的局部效果作为图案
(2) 利用填充工具和快速蒙版创建编织用的条幅选区。
(3) 分别复制出横条幅和竖条幅图层，添加图层样式制作立体效果。
(4) 使用清除操作实现将横竖条幅编织在一起的效果。

2. 印花

内容：打开素材 10-2 和素材 10-3，参考图 10-7 为素材 10-2 中的人物 T 恤印上素材 10-3 中的图案，并将结果保存为"印花.psd"的标准图像文件。

视频 10-3　印花效果

图 10-7　印花参考图

提示：

(1) 将素材 10-3 中的图像复制到素材 10-2 中。

(2) 创建 T 恤选区。

(3) 以选区为基础创建图层蒙版。

(4) 更改图层混合模式和不透明度等图层属性，实现印花效果。

(5) 设置剪贴蒙版的图层属性，可以分别操作基层和内容图层来实现。

考虑：如使用剪贴蒙版来实现印花效果，应该如何完成？

3. 照片贴

内容：打开素材 10-4、10-5、10-6 和 10-7，参考图 10-8 制作照片贴，并将结果保存为"照片贴.psd"的标准图像文件。

提示：

(1) 将各个素材拷贝的到同一个图层的相应位置。

(2) 以路径为基础创建矢量蒙版。

(3) 按路径在新图层上进行描边产生照片边界。

(4) 在照片边界层上设置图层样式产生照片贴的立体效果。

(5) 根据需要更换照片贴背景。

视频 10-4　照片贴效果

图 10-8　照片贴参考图

第 11 章　通　道

如果说图层是 Photoshop 提供给用户编辑像素的主要工作平台，那么通道就是这个平台能正常工作的后勤保障。通道的本质是一幅灰度图像，主要用于存储图像的颜色信息，并具有保存和编辑位于图层上的选区等功能。本章主要介绍通道的相关概念及基本操作。

11.1　通 道 类 型

按照通道的用途可以把 Photoshop 图像处理软件中出现的通道分为四类：颜色通道、专色通道、Alpha 通道和临时通道。

11.1.1　颜色通道

颜色通道主要用于保存图像的颜色信息，它与图像所使用的颜色模式密切相关。如图 11-1 所示，一个 RGB 颜色模式的图像，查看其对应的颜色通道时，可以看到 R(红)、G(绿) 和 B(蓝)三个不同的颜色通道以及一个展示三原色混合效果的 RGB 复合颜色通道。若将图像的颜色模式更改为 CMYK 模式，查看颜色通道时，会看到如图 11-2 所示的 C(青)、M(品红)、Y(黄)、K(黑)四个不同颜色通道以及一个 CMYK 复合颜色通道。

图 11-1　RGB 颜色通道　　　　　　　　　　图 11-2　CMYK 颜色通道

默认情况下，复合颜色通道由 Photoshop 根据图像的颜色模式自动混合得到结果色，不可人为操作，而其他单色通道都以一幅灰度图的形式来展现该通道所对应颜色分量的具体情况，可作为独立图像进行各种位图操作。

如图 11-3 所示，RGB 复合颜色通道中黄色花朵区域，对应到红色通道和绿色通道的相应位置都呈现出较亮的近乎白色的效果，这表明这个区域内红色分量和绿色分量的值较大，同时可观察到在蓝通道的同一区域对应颜色较暗，这表明这个区域内蓝色分量值较小。若

Photoshop 图像处理

在图像中进行颜色取样，如图 11-3 中十字光标 1 处，可得到其 RGB 混合色各个颜色分量值依次为(254，241，75)，这个结果与观察颜色通道得出的结论是一致的。

视频 11-1　颜色通道

图 11-3　颜色通道与对应颜色分量关系

在单色通道所展示的灰度图中，越亮的像素表示其对应的颜色分量值越大，越暗的像素表示其对应的颜色分量值越小。所以在图 11-3 中十字光标 2 处，其各个颜色分量值都比较小(R：30，G：29，B：25)，而图 11-3 中十字光标 3 处，其 RGB 各个分量值都比较大(R：255，G：255，B：229)。

若希望在通道面板中观察到的单色通道具有彩色效果，可以在"编辑"菜单中"首选项"的"界面"对话框中勾选"用彩色显示通道"。

因为颜色通道存储着图像的颜色信息，所以更改任意一个颜色通道的图像效果都会对图像产生影响。如图 11-4 a 所示，在对应的红通道中用白色画笔写字符"R"，如图 11-4 b 所示，在对应的绿通道中用白色画笔写字符"G"，如图 11-4 c 所示，在对应的蓝通道中用白色画笔写字符"B"，最后用鼠标单击复合颜色通道查看图像，发现素材图像变成了如图 11-4 d 所示的效果。

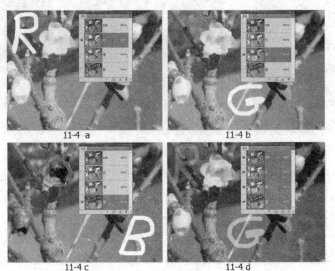

11-4 a　　　　　11-4 b

11-4 c　　　　　11-4 d

视频 11-2　颜色模式与颜色
通道的关系

图 11-4　更改颜色通道

11.1.2　专色通道

在前面章节中介绍过，CMYK 颜色模式通常用于印刷。在印刷时，C、M、Y、K 四原色都有自己的色版，把它们叠在一起就能形成各种印刷色。然而，图像中可能有一些 CMYK 无法直接呈现的颜色，如金色、银色等，要印出这些特殊色，需要在完成 CMYK 印刷后再使用专门的特殊油墨进行专色印刷，对特殊色区域进行着色。专色通道就是包含专色印刷所需专色信息的通道。

图 11-2 展示了 CMYK 颜色模式下素材图像的通道情况，图 11-5 a 则展示了为素材添加专色(颜色库中的 PANTONE 137 C)文字效果后的通道情况。专色通道存储的也是图像的颜色信息，但这个颜色信息不是由 C、M、Y、K 四原色混合得到的，而是专门另行添加到图像上的。与其他颜色通道不同，专色通道在 RGB 颜色模式的图像通道面板中也可维持本色与图像一起出现，如图 11-5 b 所示。

图 11-5　专色通道

11.1.3　Alpha 通道

在 Photoshop 中进行图像编辑时，除了颜色通道和专色通道外，任何单独创建的通道都属于 Alpha 通道。Alpha 通道保存的不是颜色信息，而是选区效果。与图层蒙版类似，Alpha 通道实际上也是一幅灰度图，图中不同程度的灰色对应着透明程度不同的选区。最暗的灰色是黑色，Alpha 通道中的黑色区域对应的是完全透明的、没有被选中的区域，即 Alpha 通道图像中的黑色对应图像窗口中的非选区；最亮的灰色是白色，Alpha 通道中的白色区域对应的是完全不透明的、被实实在在选中的区域，即 Alpha 通道图像中的白色对应图像窗口中的选区。将图 11-6 中的 Alpha 1 通道载入为对应选区后填充标准红(R：255，G：255，B：255)，很容易看出 Alpha 通道中的灰度色与所保存的选区信息之间的对应关系。

图 11-6　Alpha 通道

视频 11-3　Alpha 通道

11.1.4　临时通道

临时通道实际上是一类特殊的 Alpha 通道，它们总是依附于特定的对象，不能单独存在，例如前面章节中的介绍的图层蒙版。如图 11-7 a 所示，当前图层为一个带图层蒙版的图层时，通道面板上将出现与该图层蒙版对应的临时通道，否则将如图 11-7 b 所示，通道面板上不显示这个临时通道。

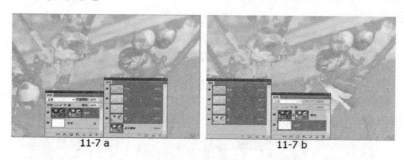

图 11-7　临时通道

11.2　通道基本操作

对通道的操作主要通过通道面板来实现。

11.2.1　通道面板

使用"窗口"菜单中的"通道"菜单项，可以在 Photoshop 工具桌面上打开或关闭通道面板。通道面板打开时，默认出现在工作区的右侧。

1．认识通道面板

通道面板如图 11-8 所示，可以分为七个区域。以下是通道面板上这些区域的不同作用。

第一个区域是面板左侧的眼睛图标区，该区域用于标识对应通道的显示情况，有眼睛图标表示该通道可见；第二个区域是通道缩略图区，用于直观查看通道对应的灰度图效果；第三个区域是通道名称区，用于显示或设置通道名称；第五个区域是快捷键区，用于指明切换对应通道时使用的键盘快捷键；第六个区域是通道面板右上角的黑色三角按钮，这是通道面板的弹出式级联菜单区，使用鼠标左键单击可打开图 11-8 中最右侧的子菜单；最后一个区域是通道面板底部的按钮区，从左到右依次是"将通道作为选区载入""将选区存储为通道""创建新通道"和"删除当前通道"命令按钮。

2．通道面板设置

对通道面板的设置包括三个部分：通道面板的显隐、用彩色显示通道和通道缩略图控制。

使用鼠标左键单击通道面板中级联子菜单上的"面板选项"命令，可以打开"通道面板选项"对话框，通过该对话框可以对通道面板的缩略图大小进行设置。

图 11-8　通道面板

视频 11-4　认识通道画板

11.2.2　通道的创建、复制与删除

1．创建通道

通道的创建方式与通道类型密切相关。因为颜色通道只与图像的颜色模式有关，所以是不能由用户自行创建新颜色通道的。而临时通道不能独立存在，所以也不可能单独创建。因此，通道的创建其实只关乎专色通道和 Alpha 通道。使用通道面板的级联子菜单中的"新建专色通道"命令，可以创建专色通道。除去新建专色通道外，其他操作获得的新通道都属于 Alpha 通道，通过以下操作均可实现新 Alpha 通道的创建：

(1) 使用"选择"菜单中的"存储选区"命令创建新通道。

(2) 单击通道面板底部的"创建新通道"按钮，创建一个全黑色填充的 Alpha 通道。

(3) 使用通道面板的级联子菜单中的"新建通道"命令创建新通道。

(4) 若图像中存在选区，可使用通道面板底部的"将选区存储为通道"按钮创建新通道。

(5) 拖动一个颜色通道或其他已经存在的通道到通道面板底部的"创建新通道"按钮上，直接创建一个有内容的新 Alpha 通道。

2．复制通道

复制通道的常用方法有三种：

(1) 拖动一个通道到通道面板底部的"创建新通道"按钮上实现复制该通道。

(2) 使用通道面板的级联子菜单中的"复制通道"命令。

(3) 直接在要复制的通道上点击鼠标右键打开快捷菜单，选择"复制通道"。

3．删除通道

通道的删除非常简单，直接将要删除的通道拖曳到通道面板底部的"删除当前通道"按钮上即可。

需要特别注意的是，删除图像的颜色通道将影响图像的颜色模式，也会对当前图像的混合色效果产生影响。

11.2.3　通道的分离与合并

一幅图像中包含的通道可以被分离出来，同时使用多幅灰度图也可以合并出指定颜色模式的图像，这就是通道的分离与合并。

1．分离通道

对于一幅有多个通道的背景图像，可以使用通道面板的级联子菜单中的"分离通道"命令将该图像的所有通道单独分离出来。如图 11-9 所示为执行"分离通道"后的效果，原图像中四个通道均被单独分离成对应的一幅灰度图像，而且这些分离后得到的图像文件名称还与原图像有一定关联。

视频 11-5　通道的分离
与合并

图 11-9　分离通道

2．合并通道

通道的本质是灰度图，所以当基于多幅已经打开的同尺寸灰度图进行"合并通道"操作时，可以得到与所选用灰度图信息相对应的某种颜色模式的图像效果。例如，当 Photoshop 工作区如 11-9 图所示时，选中四幅灰度图像中的第一幅(11-腊梅.JPG_R)作为当前图像窗口，在通道面板中执行通道级联子菜单中的"合并通道"命令，打开如图 11-10 所示的"合并通道"对话框。因为当前工作区中有 4 幅同尺寸的灰度图，所以 Photoshop 默认模式类型为"多通道"模式，通道数量为"4"。若选中模式为"CMYK 颜色"，通道数为"4"，单击"确定"按钮后，将打开如图 11-11 所示的对话框。对 CMYK 颜色模式对应的各个颜色通道进行指定，可以得到不同的 CMYK 图像。

图 11-10　合并通道

图 11-11　合并 CMYK 通道

11.3 通 道 与 选 区

第 3 章的 3.2 节中曾提到选区可以存储为通道，那么通道和选区有怎样的关系呢？

11.3.1 通道与选区的关系

通道的本质是一幅灰度图像，这幅灰度图像中不同层次的灰色将对应选区不同的透明度。在通道图像转换为选区时，通道中的黑色区域表示非选区，白色表示选区，而某种灰色将对应得到某种程度的半透明选区效果。

11.3.2 从通道获得特殊选区

利用通道图像与选区之间的灰度与不透明度的对应关系，可以从通道中获取一些与图像密切相关的特殊选区。

1．半透明选区

下面以抠取婚纱为例来说明如何使用通道获取半透明选区。具体操作步骤如下：

(1) 打开素材图"11-婚纱.jpg"。

(2) 选择"婚纱"作为当前图像窗口，使用磁性套索为人物和婚纱创建选区。

视频 11-6 半透明选区

(3) 使用 Ctrl+J 组合键将选区内图像拷贝后创建新图层 1。

(4) 按住 Ctrl 键，用鼠标左键单击图层面板中图层 1 缩略图，得到人物和婚纱选区。

(5) 使用 Ctrl+C 组合键将选区内像素群拷贝到剪贴板。

(6) 打开通道面板，新建 Alpha 通道，重命名为婚纱。

(7) 使用 Ctrl+Shift+V 组合键，将剪贴板中的图像粘贴到新建的婚纱通道中。

(8) 打开"图像"菜单中"调整"子菜单中的"色阶"，将输入色阶中的三个数值依次分别调整为 95、0.6 和 240。

(9) 使用鼠标单击通道面板底部的"将通道作为选区载入"命令，得到一个各区域透明度不同的选区。

(10) 使用鼠标单击通道面板上的复合颜色通道后切换到图层面板。

(11) 确保当前图层为图层 1，使用鼠标单击图层面板底部的"添加图层蒙版"命令，将特殊选区效果作用到图层 1 的像素群上。

(12) 为方便查看半透明效果，按住 Ctrl 键并使用鼠标单击图层面板底部的"创建新图层"命令，在图层 1 下方新建一个图层 2，填充绿色(R：25，G：145，B：25)。

(13) 选择图层 1 为当前工作图层，选择操作对象为图层 1 上的蒙版图像。

(14) 按键盘 D 键将 Photoshop 的前景色和背景色恢复为前白后黑的状态，选择画笔工具在蒙版图像上涂抹恢复非透明区域。也可以先创建实体对象区域后直接填充白色，然后使用硬度较低的画笔来处理边界部分。

经过以上操作后可以得到半透明婚纱。但因为原图中背景是砖墙，所以导致得到的婚纱有条纹，要去除条纹或更改婚纱材质，可在执行了步骤(1)～(3)后增加下面的操作步骤：

使用磁性套索或其他选区创建工具得到婚纱不同区域的选区，并使用吸管工具从每个区域中取一个基本色对该区域进行填充。若填充的是颜色，则婚纱中条纹被去除；若填充的是图案，则婚纱材质或纹理被改变。然后继续执行步骤(4)～(14)以获得半透明婚纱效果。

2. 烟雾选区

下面以给云朵更换颜色为例来演示如何使用通道获取烟雾类特殊选区。具体操作步骤如下：

(1) 打开素材图"11-云朵.jpg"。

(2) 打开通道面板观察三个颜色通道，选取云朵边界效果较明显的红通道复制得到新的 Alpha 通道"红副本"。

视频 11-7　烟雾选区

(3) 选择红副本通道，打开"图像"菜单中"调整"子菜单的"色阶"命令，在"色阶"对话框中将输入色阶的三个值依次调整为 45、0.4 和 255，突出云朵轮廓和大部分云朵效果。

(4) 选择红通道和调整色阶后的红副本通道，执行"图像"菜单中的"计算"命令，使用"正片叠底"模式进行混合并产生新通道 Alpha 1。

(5) 对 Alpha 1 通道执行"图像"菜单中的"调整"子菜单的"色阶"命令，将输入色阶的三个值依次调整为 0、0.7 和 255，在得到明显的云朵轮廓和大部分云朵效果的同时，减少其他像素群的出现。

(6) 将前景色设置为黑色，选择硬度较小的画笔在 Alpha 1 通道中进行涂抹，将灰度图中非天空及云彩的部分填为黑色。

(7) 使用鼠标左键单击通道面板底部的"将通道作为选区载入"命令，基于 Alpha 1 通道得到一个特殊选区。

(8) 使用鼠标左键单击通道面板上的复合颜色通道后切换到图层面板。

(9) 使用鼠标左键单击图层面板底部的"创建新的填充和调整图层"命令，基于选区创建一个"色相/饱和度"调整层。这一步也可以使用创建填充层来更改云朵颜色。

(10) 在打开的调整面板中勾选"着色"复选框，将色相设置为 35，饱和度设置为 100，明度设置为−35。

若希望图像中指定区域被调整图层影响，或要减弱甚至消除调整图层的效果，可执行以下操作：

(1) 按键盘 D 键，将前景色和背景色恢复为前白后黑。

(2) 在图层面板中选中调整图层上的图层蒙版缩略图，选择硬度较小、不透明度低于50%的画笔在蒙版图像上涂抹白色，添加图像特定区域的调整效果，或在蒙版图像上涂抹黑色，减弱或消除指定区域的调整色效果。

3. 毛发选区

下面以人物换背景为例来说明如何使用通道获取毛发类特殊选区。具体操作步骤如下：

(1) 打开素材图"11-人物.jpg"和"11-背景.jpg"。

视频 11-8　毛发选区

(2) 利用裁剪工具统一两幅素材图的尺寸。

(3) 选择"11-人物"图像窗口，打开通道面板观察三个颜色通道，找出毛发边界轮廓较为清晰的通道，这里可以选择蓝通道。

(4) 为使得蓝通道中毛发轮廓更为清晰，可对蓝通道执行"图像"菜单中的"计算"命令，源 1 和源 2 均使用蓝通道，以正片叠底的方式进行混合计算得到新通道 Alpha 1。

(5) 对蓝通道和 Alpha 1 通道执行"图像"菜单中的"计算"命令，以叠加方式混合计算得到新通道 Alpha 2。

(6) 使用不透明度为 100%的白色画笔(硬度可根据情况灵活设置)，在 Alpha 2 通道中涂抹以消除明显的背景砖墙痕迹。

(7) 剩余一些不太明显的与发丝相近的痕迹，可使用"图像"菜单中的"调整"子菜单的"色阶"命令来去除，这里直接使用设置白场按钮，在贴近发丝的砖墙痕迹上单击鼠标左键，然后根据结果进行微调以保留头发细节。

(8) 对调整后的 Alpha 2 通道执行"图像"菜单中的"调整"子菜单的"反相"命令，以确保白色对应选区。

(9) 打开图层面板，复制背景图层为"背景副本"，关闭背景层显示效果。

(10) 打开通道面板，选择 Alpha 2 通道，鼠标左键单击通道面板底部"将通道作为选区载入"命令，获得包含发丝细节的选区。

(11) 鼠标左键单击通道面板上的复合颜色通道后切换到图层面板。

(12) 确保当前图层为可见的背景副本层，使用鼠标左键单击图层面板底部的"添加图层蒙版"命令，应用特殊选区效果到背景副本上。

(13) 按键盘 D 键将 Photoshop 的前景色和背景色恢复为前白后黑的状态，选择画笔工具在蒙版图像上涂抹恢复非透明区域。

(14) 使用 Ctrl+A 组合键全选图像，使用 Ctrl+Shift+C 组合键将当前图像窗口所见合并拷贝到剪贴板。

(15) 切换到"11-背景"图像窗口，使用 Ctrl+V 组合键将剪贴板内容粘贴到当前图像中，移动变换粘贴过来的人物对象完成换背景。

有时候人物换了背景后，可能会有格格不入之感，可根据具体情况对光照、阴影、色调等细节进行适当处理即可。

11.4　课堂示例及练习

1．人物换背景

内容：打开练习素材 11-1 和 11-2，为人物更换背景并将结果保存为"更换人物背景.psd"的标准图像文件。

提示：

(1) 使用选择工具创建人物的实体选区。

(2) 利用通道创建人物发丝等特殊选区。

(3) 将抠出的实体人物单独放置在一个图层。

视频 11-9　人物换背景效果

（4）利用特殊选区做为人物全图的蒙版图像获得发丝轮廓及细节。

（5）利用合并拷贝得到抠取的人物整体效果。

（6）利用"调整"子菜单完成人物光照与对比度的调整。

2．玻璃罩里的猫

内容：打开练习素材 11-3 和 11-4，把小猫放入玻璃罩中，并将结果保存为"玻璃罩小猫.psd"的标准图像文件。

提示：

（1）利用通道抠取小猫。

（2）利用绘图工具还原小猫颜色效果。

（3）使用选区工具抠取玻璃罩。

（4）图层不透明度和图层顺序将小猫放入罩中。

（5）利用选区工具和绘图工具制作阴影效果。

视频 11-10　玻璃罩里的猫效果

3．彩霞满天

内容：打开练习素材 11-5 和 11-6，先将 11-6 制作出彩霞效果，再将 11-5 换成彩霞满天的效果，并将最终的效果图保存为"彩霞满天.psd"的标准图像文件。

提示：

（1）利用通道获取云彩选区。

（2）利用调整图层更改云彩效果。

（3）利用编辑变换制作云彩倒影。

（4）利用调整子菜单和绘图工具完善细节。

视频 11-11　彩霞满天效果

第12章 滤 镜

滤镜作为 Photoshop 的重要成员，可用于对图像进行处理和变换，既可以优化图像效果也可以模拟各种真实场景创建出诸多神奇的艺术效果。滤镜插件因其模拟效果的逼真性和操作使用的便捷性，成为 Photoshop 进行图像处理的一大利器。

本章将介绍滤镜的功能、使用方法及效果。

12.1 滤 镜 入 门

Photoshop 中允许使用的所有滤镜都将按类别放置在"滤镜"菜单中。通常"滤镜"菜单中的一个菜单项就是一类滤镜，该类滤镜所有成员将以子菜单的形式出现在"滤镜"菜单项下。要使用某个滤镜，可使用鼠标左键单击"滤镜"菜单项所对应的子菜单中的相应滤镜命令。

12.1.1 滤镜使用规则

Photoshop 中可使用的滤镜多种多样，功能各不相同，灵活运用这些滤镜可方便地获得特殊的图像效果。在使用滤镜时，有一些需要注意的事项：

(1) 滤镜将作用于选区图像。若图像窗口中没有创建选区，则默认对整个图像进行操作。

(2) 滤镜只能作用于可见图层，通常就是当前图层。由于蒙版、通道等本质上也是一幅位图，所以滤镜也可作用其上。

(3) 对于不同分辨率的图像，同一个滤镜即便使用相同的参数设置，其最终处理效果也可能不同。

(4) 滤镜在 RGB 颜色模式下能最大地发挥效用，滤镜不能作用于位图颜色模式或索引颜色模式的图像，在 CMYK 和 Lab 颜色模式下有一些滤镜也不可使用。

(5) 滤镜主要针对8位/通道的图像，对于16位/通道和32位/通道图像只有少量滤镜可用。

12.1.2 滤镜常规操作

使用 Photoshop 中的滤镜时，以下操作是通用的：

(1) 上次执行过的滤镜命令，可使用 Ctrl+F 组合键再次执行。

(2) "编辑"菜单中的"渐隐"命令可用于削减滤镜对图像处理的效果。

(3) 打开滤镜对话框进行滤镜设置后，若要恢复设置前的滤镜状态，可按住 Alt 键将滤镜对话框中的"取消"按钮临时切换成"复位"按钮，单击"复位"按钮即可还原滤镜设置。

12.1.3 滤镜分类

根据滤镜插件的提供厂商不同，Photoshop 的滤镜可分为内置滤镜和外挂滤镜两类。内置滤镜是指 Photoshop 自带的滤镜，外挂滤镜即第三方厂商为 Photoshop 开发并提供其使用的滤镜，外挂滤镜不仅种类齐全而且功能强大，是 Photoshop 滤镜很好的补充与拓展。

12.2 内 置 滤 镜

内置滤镜在 Photoshop 进行缺省安装时，安装程序会自动安装并将这些滤镜插件添加到 Photoshop 安装目录下的 pluging 文件夹中，包括 18 类共 100 多种滤镜，根据其应用效果可分为校正性滤镜、破坏性滤镜和特殊滤镜。

12.2.1 校正性滤镜

校正性滤镜用于图像的修复和调整，包括以下五组滤镜。

1. 杂色滤镜组

杂色滤镜组有 5 种滤镜，通过加噪来掩盖像素，形成杂色纹理，也可用于消除图像处理过程中出现的噪点。图 12-1 中分别给出了原图和不同杂色滤镜处理后的效果图，效果名横线后是滤镜参数。

图片 12-1

图 12-1 杂色滤镜处理效果

（1）减少杂色滤镜：在保留图像边缘细节的同时减少图像中的噪点。

① "强度"选项用于设置减少噪点的强度，取值范围为 0～10，值越大去噪能力越强。

② "保留细节"选项用于设置图像中色块边缘细节的保留程度，取值范围为 0～100，值越大细节保留越多，去噪能力越弱。

③ "减少杂色"选项用于设置减少随机的颜色杂色,取值范围为 0～100,值越大减少的颜色杂色越多,去噪能力越强。

④ "锐化细节"选项用于设置图像细节的锐化程度,取值范围为 0～100,值越大细节越清晰,去噪能力越弱。

⑤ 勾选"移去 JPEG 不自然感"复选框将减少由于使用低品质 JPG 图像而导致的图像瑕疵。

(2) 蒙尘与划痕滤镜:通过搜索最亮和最暗的像素,捕捉图像中相异的像素,使其融入周围像素群。

① "半径"选项用于设置去除杂色的范围,取值范围为 0～100,值越大,图像越模糊。

② "阈值"选项用于设置被选像素与其他像素的差异究竟达到多少时才被消除,取值范围为 0～128,值越大要求的差异越大,去除杂色的能力越弱。

(3) 去斑滤镜:用于消除图像中明显的颗粒化区域。去斑滤镜没有设置选项,Photoshop 直接执行。可使用 Ctrl+F 组合键多次执行滤镜。

(4) 添加杂色滤镜:用于在图像值添加随机噪点。

① "数量"选项用于设置向图像中添加噪点的数量,取值范围为 0.1～400.00,值越大添加大噪点越多。

② "分布"选项用于设置噪点在图像中的位置关系,包括"平均分别"和"高斯分布"两种方式。"平均分布"是指单位面积内添加的噪点使用随机分布;"高斯分布"则是指单位面积内添加的噪点使用高斯曲线进行分布。

③ "单色"复选框,选中后添加的噪点将只影响图像的色调,不会改变图像的颜色。

(5) 中间值滤镜:通过对指定半径区域的像素进行平均,以减少部分像素混合时产生的噪点,用平均亮度取代中心亮度实现消除图像瑕疵。

"半径"选项用于设置取代中心像素亮度的平均亮度值分析范围,取值范围为 1～100,值越大图像越模糊。

2.模糊滤镜组

模糊滤镜组可模拟的模糊效果共 11 种。模糊滤镜通过平衡图像中已定义的线条和遮蔽区域的清晰边缘旁边的像素使变化显得柔和,它可以使图像中过于清晰或对比度过于强烈的区域产生模糊效果。图 12-2 中分别给出了原图和不同模糊滤镜处理后的效果图,效果名横线后是滤镜参数。

(1) 表面模糊滤镜:将图像按 Photoshop 自动识别出的色块进行每个色块的模糊,产生保持图像边缘轮廓同时模糊色块的效果。

① "半径"选项用于设置取样范围,取值范围为 0～100。

② "阈值"选项用于设置要模糊的像素与样本中心像素差异值需要达到的标准,取值范围为 2～255。

(2) 动感模糊滤镜:模拟物体运动时的曝光情况,与选区搭配以产生一定的特技效果。

① "角度"选项用于设置所模拟的物体运动方向,取值范围为-360～360。

② "距离"选项用于设置运动的位移值,取值范围为 1～999,值越大模糊越明显。

图片 12-2

图 12-2　模糊滤镜处理效果

（3）方框模糊滤镜：以指定方块大小为模糊单位，对方块内包含的像素点进行整体模糊运。

"半径"选项用于设置模糊取样范围，取值范围为 1～999，值越大模糊越明显。

（4）高斯模糊滤镜：以用户可设置的方式来降低对比或减少扫描后的干扰。

"半径"选项用于设置模糊取样范围，取值范围为 0.1～250，值越大模糊越明显。

（5）进一步模糊滤镜：进一步模糊滤镜没有设置对话框，用于更为显著地降低对比或减少扫描后的干扰。

（6）径向模糊滤镜：模拟移动或旋转相机的情景，产生环形或从中心向外的散射的模糊效果。注意，模糊中心的位置设置会影响模糊效果。

①　"数量"选项用于控制模糊的强度，取值范围为 1～100。

②　"模糊方法"可以是"旋转"或"缩放"两种形式。"旋转"按指定的旋转角度沿着同心圆进行模糊；"缩放"将产生从图像的中心点向四周发射的模糊效果。

③　"品质"有三种品质的效果图可选：草图、好、最好。

④　"中心模糊"区域用于设置模糊中心。

（7）镜头模糊滤镜：模拟镜头景深效果，以突出焦点。若使用 Alpha 通道表示深度，则黑色表示前，白色表示后。

①　"预览"区用于设置是否在预览窗格中显示图像的实时模糊效果。在要求预览时，有"更快"和"更加准确"两种模糊效果展示方式。

②　"深度映射"区用于设置如何确定模糊深度效果。"源"用于设置选取要模糊的像素的依据，有"无"、"透明度"和"图层蒙版"三种选项；"模糊焦距"用于设置模糊焦距

的范围；"反相"复选框用于切换图像中的模糊区域和清晰区域。

③ "光圈"区：用于设置使用怎样的镜头光圈。"形状"是指光圈形状，取决于它所包含的叶片数量，用于控制模糊方式；"半径"用于控制模糊程度；"叶片弯度"用于设置光圈边缘的平滑度；"旋转"用于设置叶片的角度。

④ "镜面高光"区用于设置如何处理镜头高光。"亮度"用于控制模糊后图像的整体亮度；"阈值"用于设置图像中被处理成高光的像素亮度门槛，高于阈值即处理为镜面高光。

⑤ "杂色"区用于设置向图像中添加噪点。"数量"用于控制添加噪点的数目；"分布"用于设置添加噪点的方式或算法；"单色"复选框用于切换噪点对图像颜色是否产生影响。

(8) 模糊滤镜：没有设置对话框，Photoshop 自动执行，降低对比或减少扫描后的干扰。

(9) 平均模糊滤镜：用选区内所有像素的平均颜色填充整个选区以创建单一色块。

(10) 特殊模糊滤镜：对图像的颜色边缘进行不同形式的强调，模糊效果只出现在同一色块内部。

① "半径"选项用于设置模糊样本取值范围，取值范围为 0.1～100。

② "阈值"选项用于设置需要达到的像素差异值，取值范围为 0.1～100。

③ "品质"选项用于设置模糊效果的质量。可以选择高，中，低三种品质。

④ "模式"选项用于设置模糊效果的显示方式。"正常"模式只将图像按指定色块进行色块内模糊；"边缘优先"模式可勾画出图像的色块边界，得到黑白轮廓图；"叠加边缘"则是前两种模式的叠加效果，即在模糊结果上再用白色勾画色块边界。

(11) 形状模糊滤镜：将指定形状作用到要模糊区域，并以此为基础进行整体图像的模糊。

① "半径"选项用于其至模糊程度。

② "形状"列表用于将指定形状作用到模糊图像中影响模糊效果。

3．锐化滤镜组

锐化滤镜组共包括 5 种滤镜，功能与模糊滤镜效果相悖。锐化滤镜可以加强图像中已定义的线条和遮蔽区域的边缘像素，使图像变得清晰或对比度强烈产生锐化效果。如图 12-3 中所示，分别给出了几种锐化滤镜处理后的效果图，效果名横线后是滤镜参数。

图片 12-3

USM 锐化-70, 30, 0　　　　锐化边缘-5 次　　　智能锐化-基本, 60, 10, 高斯, 更加准确

图 12-3　锐化滤镜处理效果

(1) USM 锐化滤镜：通过增强明暗像素的对比，提高像素颜色饱和度，使图像更加清晰和鲜艳。

① "数量"选项用于设置图像对比度强度，取值范围为 0～500。

② "半径"选项用于设置边缘周围被锐化的范围，取值范围为 0.1～250。

③ "阈值"选项用于设置锐化像素与周围像素亮度差异需要达到的标准，取值范围为0～255。

(2) 锐化滤镜：没有设置对话框，Photoshop 自动执行，通过增强像素点之间的对比使像素之间差异增大，达到清晰化图像的效果。

(3) 进一步锐化滤镜：没有设置对话框，用于更加明显地增强像素之间的对比差异，实现明显的清晰化图像效果。

(4) 锐化边缘滤镜：没有设置对话框，Photoshop 会自动识别图像中色块边界，提高色块边缘像素的反差，使图像轮廓明显。

(5) 智能锐化滤镜：通过执行特定的锐化算法来提高图像清晰度。在智能锐化滤镜对话框中有"基本"和"高级"两种设置模式。"基本"模式只是设置"高级"模式中的"锐化"选项卡中内容。

① "锐化"选项卡用于设置特定的锐化算法。"数量"用于控制锐化程度；"半径"用于控制锐化影响范围；"移去"用于设置锐化方式。当移去"高斯模糊"时，采用 USM 锐化方式；当移去"镜头模糊"时，锐化的重点是图像边缘和细节；当移去"动感模糊"时，锐化的重点是减少由对象移动而导致的偏移模糊。

② "阴影"选项卡用于设置图像中暗调像素群的锐化参数。"渐隐量"用于控制图像中暗调像素的锐化程度；"色调宽度"用于控制阴影区域中色调的修改范围，值越小能修改的阴影区也越小；"半径"用于设置识别一个像素所处区域的大小，以确定该像素是否属于阴影区域，能否受到"阴影"设置的影响。

③ "高光"选项卡与"阴影"选项卡类似，用于设置图像中亮调像素群的锐化参数。

4．视频滤镜组

视频滤镜组在 Photoshop 中包括两种滤镜，用于处理从摄像机中输入或从视频中获取的图像，也可用于处理将输出到视频的图像。

(1) NTSC 滤镜：不可设置，Photoshop 自动执行。通过抑制图像的饱和度，使其自动调整为 NTSC 制式色彩范围内可表达的颜色，避免在视频播放时因溢色而产生的图像模糊失真现象。

(2) 逐行滤镜：通过复制或插入特定像素的方式来消除视频图像的异常交错线，使图像变得清晰且光滑。

① "消除"用于设置要清除像素方式。可以按"奇数场"或"偶数场"方式来消除像素。

② "创建新场方式"用于设置图像清空区域填充像素的方式。可以"复制"剩下的像素来填充空区域，也可以使用"插值"的方式来生成新像素填充空区域。

5．其他滤镜组

其他滤镜组共包括 5 种滤镜，为用于调整图像而没有归属到其他四类 Photoshop 内置滤镜组的滤镜。图 12-4 中分别给出了几种其他滤镜处理后的效果图，效果名横线后是滤镜参数。

位移滤镜-20, 20, 折回　　　　最大值滤镜-30

图片 12-4

最小值滤镜-30　　　　高反差保留滤镜-3

图 12-4　其他滤镜处理效果

(1) 位移滤镜：根据设置的偏移值使图像发生偏移。

① "水平"选项用于设置图像水平方向上的偏移量。正数表示向右偏移指定距离；负数表示向左偏移指定距离。

② "垂直"选项用于设置图像垂直方向上的偏移量。正数表示向下偏移指定距离；负数表示向上偏移指定距离。

③ "未定义区域"用于设置图像发生偏移后产生的空区域如何填充像素。有三个可选项："设置为背景"、"重复边缘像素"和"折回"。

(2) 最大值滤镜：用于放大亮调区域，减少暗调区域。

"半径"选项用于设置变化范围，即在指定半径范围内用像素群的最高亮度值替换整个像素群的亮度。

(3) 最小值滤镜：与最大值滤镜相反，用于扩展暗调区域，缩减亮调区域。

(4) 高反差保留滤镜：对图像颜色变化明显的轮廓进行反差提亮，并按指定半径保留边缘细节，同时对图像的其他区域以标准灰屏蔽。

"半径"选项用于控制保留颜色边缘的宽度。

(5) 自定义滤镜：利用如图 12-5 所示的自定义滤镜对话框可以设计出需要的调焦效果、浮雕效果等新滤镜效果。该对话框有一个 5×5 的区域，称之为矩阵区。

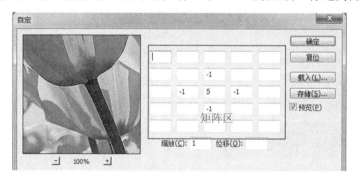

图片 12-5

图 12-5　自定义滤镜对话框

① "矩阵区"用于设置图像中像素的亮度变化效果。矩阵区中央的文本框代表要变化

的像素，其数值则表示要在该像素亮度上添加的变化值；周围文本框对应代表了位于要变化的像素周围的像素，其数值则表示对应在该相邻位置上的像素亮度将发生变化的量。

② "缩放"用于设置矩阵亮度综合的除数。缩放的数值只能是正数，用于往图像中加黑色，显然有整体调暗的作用。

③ "位移"用于设置补偿缩放结果的变化。位移的数值可正可负，用于给图像增加或减少亮度。

自定义滤镜只对图像中像素的亮度有调整作用，不会改变像素的色相或是饱和度。为保持与图像最初亮度值的平衡关系，必须保证矩阵区中数值和为 1。如果矩阵区数值和大于 1，图像变亮。这时可通过增大缩放值，使矩阵区的求和结果除以该缩放值的计算结果为 1 来保持与图像最初亮度值的平衡关系。矩阵区求和结果不仅可以用缩放来调整，也可以使用位移来校正。

若要创建自定义锐化滤镜，需要增大相邻像素之间的反差，中心文本框周围应该使用一系列负值，而且应保证矩阵区数值分布在水平方向和垂直方向关于中心像素对称。如图12-6 所示的设置即为自定义锐化滤镜。

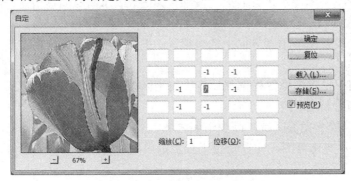

图片 12-6

图 12-6 自定义锐化滤镜

若要创建自定义模糊滤镜，则在保持矩阵区数值分布关于中心对称的情况下，需要减少相邻像素之间的反差，中心文本框周围应该用一系列正值。如图 12-7 所示的设置即为自定义模糊滤镜。

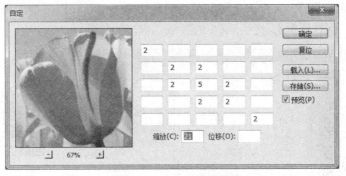

图片 12-7

图 12-7 自定义模糊滤镜

利用自定义滤镜也可以创建自定义浮雕滤镜，设置矩阵区数值保持正负平衡即可。如图 12-8 所示的设置即为自定义浮雕滤镜。

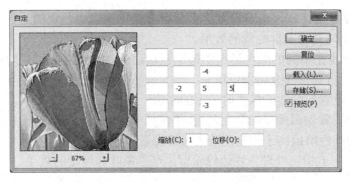

图片 12-8

图 12-8　自定义浮雕滤镜

12.2.2　破坏性滤镜

破坏性滤镜是针对校正性滤镜而言的。破坏性滤镜并非只对图像进行调整，还可能对图像进行变形重绘等操作，对系统内容占用比较多。

1. 风格化滤镜组

风格化滤镜组共包括 9 种滤镜，通过置换图像中的像素对图像中像素的对比度进行增强来强化色块边缘，使图像产生绘画或特殊的印象派艺术效果。图 12-9 中分别给出了不同风格化滤镜处理后的效果图，效果名横线后是滤镜参数。

图片 12-9

图 12-9　风格化滤镜处理效果

(1) 查找边缘滤镜：没有对话框，不可设置。主要用于强化图像中色块的边界，使图像产生用铅笔在白色背景上勾勒像素群轮廓的效果。

(2) 等高线滤镜：用细线在不同的颜色通道中勾勒色块边界，通过对相同色阶进行提炼使轮廓形成线条图，同时将其余部分用白色填充。

① "色阶"选项用于设置勾画边缘像素时使用的阈值，取值范围为 0~255。

② "边缘"选项用于设置勾画像素的颜色范围。"较低"时勾画色阶值低于指定色阶的边缘像素；"较高"时勾画色阶值高于指定色阶的边缘像素。

(3) 风滤镜：在水平方向上横向处理色块边缘轮廓，产生风吹起皱褶的效果。

① "方法"选项区用于设置风力的强度，有"风"、"大风"和"飓风"三个可选项。

② "方向"选项区用于设置风从哪个方向吹过来。可以设置"从左"或"从右"方向上使用风滤镜。

(4) 浮雕滤镜：通过勾勒图像轮廓并降低周围像素的颜色值形成浅浮雕，即除图像轮廓用原色勾画外，其他部分用灰色填充。

① "角度"选项用于设置光源照射角度。

② "高度"选项用于设置浮雕的凸起程度，取值范围为 1~10，值越大浮雕凸起效果越明显。

③ "数量"选项用于设置浮雕对比度，取值范围为 1~500，值越大对比度越大，浮雕效果越明显。

(5) 扩散滤镜：使图像蒙上一层磨砂玻璃的效果，分辨率越低的图像效果越明显。

"扩散模式"选项区用于设置焦点虚化的方式。"正常"模式用随机移动图像中像素点的方法获得扩散效果；"变暗优先"模式用深色像素代替浅色像素的方法获得扩散效果；"变亮优先"模式用浅色像素代替深色像素的方法获得扩散效果；"各向异性"模式用在颜色变化最小的方向上进行焦点虚化的方法来获得扩散效果。

(6) 拼贴滤镜：将图像分成若干块，产生瓷砖拼贴的效果。

① "拼贴数"选项用于设置每行出现的方块数目，取值范围为 1~99。

② "最大位移"选项用于设置方块从原始位置错位移动的情况，取值范围为 1~100，值越大错位移动越明显。

③ "填充空白区域"选项区用于设置方块移动后产生的空区域用什么方式填充。可以选择"背景色"、"前景色"、"反向图像"和"未改变图像"来填充新增加的空区域。

(7) 曝光过渡：没有对话框，不可设置。该滤镜执行一次和执行多次的效果一样，会产生一种过度曝光图像的效果。

(8) 凸出滤镜：使图像生成特殊的三维效果。

① "类型"选项用于设置凸出的纹理形状。"块"表示凸出的形状是立方体；"金字塔"表示凸出的形状是锥体。

② "大小"用于设置单个凸出形状的尺寸，取值范围为 2~255。

③ "深度"用于设置凸出形状的最大高度，也就是凸起程度，取值范围为 0~255。选择"随机"表示随机生成图像中各个凸出形状的高度值；选择"基于色阶"表示图像中各个凸出形状的高度值与其原来的色阶值成正比，即位于原图亮调区的形状比暗调区凸出效果更为明显。

④ "立方体正面"复选框用于设置生成立方体形状时，使用立方体区域内的平均色来

填充立方体。

　　⑤ "蒙版不完整块"复选框用于删除图像中不能完整显示的形状。

　　(9) 照亮边缘滤镜：模拟产生类似霓虹灯管的效果。Phothshop 会自动识别轮廓使其产生柔光，其余部分暗化，并以黑色填充。

　　① "边缘宽度"选项用于设置所勾画轮廓线的发光带宽度，取值范围为 1～14。

　　② "边缘亮度"选项用于设置所勾画发光轮廓线发光的亮度，取值范围为 0～20。

　　③ "平滑度"选项用于设置发光轮廓线的柔和程度，取值范围为 1～15，值越大勾画的轮廓越平滑。

2. 画笔描边滤镜组

图片 12-10

　　画笔滤镜组共包括 8 种滤镜，只能作用于 RGB 颜色模式的图像，模拟使用各种画笔和油墨进行图像绘制产生的艺术效果。图 12-10 中分别给出了原图和不同画笔描边滤镜处理后的效果图，效果名横线后是滤镜参数。

原图	成角线条滤镜-50, 30, 3	墨水轮廓滤镜-30, 10, 30
喷溅滤镜-10, 3	喷色描边滤镜-10, 10, 垂直	强化边缘滤镜-3, 0, 10
深色线条滤镜-10, 3, 3	烟灰墨滤镜-5, 10, 40	阴影线滤镜-10, 10, 2

图 12-10　画笔描边滤镜处理效果

　　(1) 成角的线条滤镜：产生倾斜的线条，模拟使用线条组合得到的速写稿。

　　① "方向平衡"选项用于设置两个方向上线条的数量比例，取值范围为 0～100。取值为 0 时，全部线条从左上方画向右下方；取值为 100 时，全部线条从右上方画向左下方。

　　② "描边长度"选项用于设置线条长度，取值范围为 3～50。

　　③ "锐化程度"选项用于设置线条的清晰程度，取值范围为 0～10。

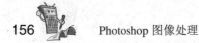

(2) 墨水轮廓滤镜：用可设置大小的黑色笔尖强调色块边界轮廓。

① "描边长度"选项用于设置线条长度，取值范围为 1～50。

② "深色强度"选项用于设置图像中被线条重绘的暗调区域强度，取值范围为 0～50。

③ "光线强度"选项用于设置图像中被线条重绘的亮调区域强度，取值范围为 0～50。

(3) 喷溅滤镜：模拟使用喷枪进行喷溅，产生液态颜料在画布上溅湿、渗透所形成的绘画效果。

① "喷色半径"选项用于设置喷枪的喷溅范围，取值范围为 0～25。

② "平滑度"选项用于设置喷溅的柔和过渡效果，取值范围为 1～15。

(4) 喷色描边滤镜：

① "描边长度"选项用于设置描边笔画的长度，取值范围为 0～20。

② "喷色半径"选项用于设置喷枪的喷溅范围，取值范围为 0～25。

③ "描边方向"选项用于设置喷溅线条的方向，可以设置为"右对角线"、"水平"、"左对角线"和"垂直"四种不同方向。

(5) 强化的边缘滤镜：对色块边界进行加宽加亮以实现对边缘轮廓的强化。

① "边缘宽度"选项用于设置被强化边缘的宽度，取值范围为 1～14。

② "边缘亮度"选项用于设置被强化边缘的亮度，取值范围为 0～50。取值以 25 为界，高于 25 时用白色加亮的方式强化边缘，产生类似白色粉笔画的效果；低于 25 时用黑色暗化的方式强化边缘，产生类似黑色油墨画的效果。

③ "平滑度"选项用于设置被强化边缘的柔和程度，取值范围为 1～15。取值越大边缘越平滑，被强调的像素越少。

(6) 深色线条滤镜：用交叉线条在图像上重绘，并将暗部处理成黑色短线条区，将亮部处理成白色长线条区。

① "平衡"选项用于设置线条方向并平衡不同方向上的线条数量，取值范围为 0～10。取值 0 表示所有线条从左上到右下绘制；取值 10 表示所有线条从右上到左下绘制；取值 5 时，表示两个方向的线条数量均等。

② "黑色强度"选项用于设置黑色短线的颜色深度，取值范围为 0～10。

③ "白色强度"选项用于设置白色长线的颜色深度，取值范围为 0～10。

(7) 烟灰墨滤镜：通过增强图像色块边缘的黑色成分来简化图像，模拟用饱和油墨的画笔在宣纸上绘图并以黑色油墨勾边的艺术画效果。

① "描边宽度"选项用于设置重绘图像的画笔宽度，取值范围为 3～15。

② "描边压力"选项用于设置重绘图像的画笔压力，取值范围为 0～15，取值越大边缘黑色油墨越多。

③ "对比度"选项用于设置重绘图像时暗调区域和亮调区域的对比度差异，取值范围为 0～40，取值越大对比度差异越大，暗调和亮调区域的边界越明显。

(8) 阴影线滤镜：产生交错的线条模拟画笔画。

① "描边长度"选项用于设置重绘图像的线条长度，取值范围为 3～50。

② "锐化程度"选项用于设置线条清晰度，取值范围为 0～20。

③ "强度"选项用于设置重绘图像时生成的阴影线数量，取值范围为 1～3。

3. 扭曲滤镜组

扭曲滤镜组共包括 12 种滤镜，扭曲滤镜组通过对图像进行扭曲变形，使图像产生各种几何变形，创建特定的艺术效果。图 12-11 中分别给出了不同扭曲滤镜处理后的效果图，效果名横线后是滤镜参数。

波浪滤镜-2, 10, 120, 10, 120, 10, 10...　　波纹滤镜-400, 大　　玻璃滤镜-12, 2, 块状, 100

海洋波纹滤镜-9, 9　　极坐标滤镜-极坐标到平面坐标　　挤压滤镜-100

扩散光亮滤镜-5, 5, 15　　切变滤镜-折回　　球面化滤镜-100, 正常

水波滤镜-100, 10, 围绕中心　　旋转扭曲滤镜-200　　置换滤镜-20, 20, 拼贴, 折回

图 12-11　扭曲滤镜处理效果

（1）波浪滤镜：从方向、起伏程度等方面来控制水波波动的效果。

① "生成器数"选项用于设置波浪产生的数量，取值范围为 1～999。

② "波长"选项用于设置两相邻波峰之间的可变距离。可同时指定"最小值"和"最大值"。"最小值"取值范围为 1～998，同时不能大于指定的最大值；"最大值"取值范围为 2～999，同时不能小于指定的最小值。

图片 12-11

③ "波幅"选项用于设置波浪的高度。波幅设置与波长设置非常类似。

④ "比例"选项用于设置指定方向的波动幅度缩放比例，取值范围为 0～100。可同时设置水平或垂直方向上波浪的波动幅度的缩放。

⑤ "类型"选项区用于设置波的形状。可选择"正弦"波、"三角形"波和"方形"波三种不同形状。

⑥"未定义区域"选项区用于设置图像产生波动后边缘出现的空区域用什么内容填充。可以使用"折回"图像来填充空区域，也可以使用"重复边缘像素"来填充空区域。

(2) 波纹滤镜：模拟风吹过水面引起的水波涟漪效果。

① "数量"选项用于设置生成波纹的多少，取值范围为-999～999，数值的正负用于表达波纹的方向不同。

② "大小"选项用于设置波纹的起伏程度。可选择"大"、"中"、"小"三种不同程度。

(3) 玻璃滤镜：模拟透过不同种类的玻璃看景物的效果。

① "扭曲度"选项用于设置图像的扭曲程度，取值范围为 0～20。

② "平滑度"选项用于设置扭曲图像色块边缘的平滑程度，取值范围为 1～15。

③ "纹理"选项用于设置叠加到玻璃上的纹理效果，可以使用系统提供的"块状"、"画布"、"磨砂"和"小镜头"纹理，也可以单击纹理参数右侧的 ▼▤ 按钮载入.psd 格式的图像作为波浪纹理。

④ "缩放"选项用于设置叠加在玻璃上的纹理大小与纹理原尺寸的关系，取值范围为 50～200。

⑤ "反相"复选框用于切换叠加在玻璃上的纹理凹凸效果。

(4) 海洋波纹滤镜：通过增加随机间隔的波纹，可以模拟透过水波看物体的效果，也可模拟物体在水面倒影上的涟漪。

① "波纹大小"选项用于设置波纹影响的范围，取值范围为 1～15。

② "波纹幅度"选项用于设置波纹的高度，取值范围为 0～20。

(5) 极坐标滤镜：模拟在水平坐标系和极坐标系下，物体的不同展示形态。

① "平面坐标到极坐标"选项将图像以在极坐标中表示的形式进行重绘并显示出来。

② "极坐标到平面坐标"选项将图像以在平面坐标中表示的形式进行重绘并显示出来。

(6) 挤压滤镜：产生将像素群以点为中心向内或向外挤压变形的效果。

"数量"选项用于设置挤压程度，取值范围为-100～100，负值表示挤压产生膨胀变形效果，正值表示挤压产生凹陷变形效果。

(7) 扩散光亮滤镜：通过对图像中亮调区域添加系统背景色指定的漫散光，同时对图像的其他区域覆盖以光色颗粒来模拟拍照时使用漫射滤镜的效果。

① "颗粒"选项用于设置颗粒密度，取值范围为 0～100，值越大，颗粒越明显。

② "发光量"选项用于设置颗粒亮度对周围像素的影响程度，取值范围为 0～20，值越大颗粒颜色越明显，对周围像素影响越大。

③ "清除数量"选项用于设置图像中受颗粒影响的范围，取值范围为 0～20，值越大颗粒影响范围越小，图像被还原的越明显。

(8) 切变滤镜：只限于水平方向上处理弯曲变形的效果。

① "切变控制区"为一个由网线格和一根线条组成的控制区，通过用鼠标拖动线条或单击网格均可实现控制图像变形。

② "未定义区域"选区用于设置图像扭曲变形后产生的空区域用什么内容进行填充，可选择"折回"和"重复边缘像素"。

③ "默认"按钮用于将切变控制区中的曲线恢复成垂直直线的状态。

(9) 球面化滤镜：模拟使用放大镜观看物体的效果，可基于变形中心对图像进行放大和缩小的变形处理。

① "数量"选项用于设置变形程度，取值范围为–100～100，取值为正表示图像向外凸出；取值为负表示图像向内凹陷。

② "模式"选项用于设置图像变形方式，可以选择"正常"、"水平优先"或"垂直优先"三种方式。

(10) 水波滤镜：产生静止水面被击打引起的环状涟漪效果。

① "数量"选项用于设置水波强度，取值范围为–100～100，取值为负表示图像中心为波峰；取值为正表示图像中心为波谷。

② "起伏"选项用于设置波纹幅度，取值范围为 0～20。

③ "样式"选项用于设置波纹的形状，可以有"围绕中心"、"从中心向外"和"水池波纹"三种不同选择。

(11) 旋转扭曲滤镜：模拟产生水面漩涡的效果。

"角度"选项用于设置旋转扭曲程度，取值范围为–999～999，取值的正负决定了不同的旋转方向。

(12) 置换滤镜：需要搭配一张.psd 格式的位移置换图使用，根据置换图效果重新按位移值排列当前图像的像素。

① "水平比例"选项用于设置水平方向上移动像素的程度，取值范围为 0～100。

② "垂直比例"选项用于设置垂直方向上移动像素的程度，取值范围为 0～100。

③ "置换图"选项用于设置影响图像位移效果的另一幅.psd 格式的图像。当置换图与当前图像大小不一致时，置换图有两种使用方式："伸展以适合"选项将用拉伸置换图匹配当前图像大小，以获得与当前图像大小一致的可用置换图；"拼贴"选项则保持置换图大小不变，用重复的置换图来反复填充，以获得与当前图像大小一致的可用置换图。

④ "未定义区域"选项用于设置图像发生位移后产生的空区域用什么内容进行填充。可以选择"折回"或"重复边缘像素"。

4. 素描滤镜组

素描滤镜组共包括 14 种滤镜，对图像的处理结果多为简单的双色调效果，通过对图像的简化模拟产生各种手绘效果。图 12-12 中分别给出了原图和不同杂色滤镜处理后的效果图，效果名横线后是滤镜参数，Photoshop 使用的前景色为标准红(R：255，G：0，B：0)，背景色为标准蓝(R：0，G：0，B：255)。

(1) 半调图案滤镜：使用 Photoshop 前景色和背景色分别对图像的暗调区域和亮调区域重绘，模拟印刷时使用的半调网屏效果。

① "大小"选项用于设置图案的尺寸大小，取值范围为 1～12，值越大图案越稀疏，图案纹理越明显。

图片 12-12

原图　　　半调图案滤镜-2, 10, 直线　　　便条纸滤镜-25, 10, 15

粉笔和炭笔滤镜-10, 6, 3　　　铬黄滤镜-4, 7　　　绘图笔滤镜-1, 50, 水平

基底凸现滤镜-13, 6, 下　　　石膏效果滤镜-20, 2, 上　　　水彩画纸滤镜-25, 50, 70

撕边滤镜-25, 9, 17　　　炭笔滤镜-2, 3, 80　　　炭精笔滤镜-11, 7, 画布, 100, 4, 上

图章滤镜-25, 5　　　网状滤镜-15, 25, 25　　　影印滤镜-10, 20

图 12-12　素描滤镜处理效果

②　"对比度"选项用于设置前景色和背景色对比度差异，取值范围为 0～50，值越大层次感越强。

③　"图案类型"选项用于设置重绘图像时使用的图案形状，有"圆形"、"网点"和"直线"三种图案形状可选。

(2) 便条纸滤镜：使用 Photoshop 前景色和背景色对图像进行概化，模拟在便条纸上压印的效果。

① "图像平衡"选项用于设置前景色和背景色的使用比例，取值范围为 0～50，值越大，前景色使用越多。

② "粒度"选项用于设置颗粒数量，取值范围为 0～20，值越大，颗粒越多。

③ "凸现"选项用于设置凸凹效果的程度，取值范围为 0～25。

(3) 粉笔和炭笔滤镜：用背景色重绘图像高光和中间调部分产生粉笔绘图效果，同时用前景色重绘图像暗调部分产生炭笔绘图效果，重绘后的图像质感柔和。

① "炭笔区"选项用于设置前景色作用区域，取值范围为 0～20，值越大，炭笔效果越明显。

② "粉笔区"选项用于设置背景色作用区域，取值范围为 0～20，值越大，粉笔效果越明显。

③ "描边压力"选项用于设置粉笔和炭笔所用笔触的力度，取值范围范围为 0～5。

(4) 铬黄滤镜：与前景色和背景色无关，模拟产生一种液态金属效果。

① "细节"选项用于设置保留图像细节的程度，取值范围为 0～10，值越大，图像保留的细节越多。

② "平滑度"选项用于设置表面的光滑程度，取值范围为 0～10。

(5) 绘图笔滤镜：使用前景色和背景色重绘图像，有强烈的线条感，模拟钢笔手绘素描图效果。

① "描边长度"选项用于设置重绘图像时所用线条的长度，取值范围为 1～15，值为 1 时变线为点。

② "明/暗平衡"选项用于设置前景色和背景色的使用比例，取值范围为 0～100，值越大，前景色越多。

③ "描边方向"选项用于设置重绘图像时所用线条的方向，可选择"右对角线"、"水平"、"左对角线"或"垂直"四种不同方向。

(6) 基底凸现滤镜：通过在图像的暗调区域使用前景色重绘，亮调区域使用背景色重绘，同时依据图像色块的边界轮廓产生凹凸的浮雕效果。

① "细节"选项用于设置保留图像的程度，取值范围为 1～15。

② "平滑度"选项用于设置图像表面光滑程度，取值范围为 1～15。

③ "光照"选项用于设置光源的照明方向，可以选择"下"、"上"、"左"、"右"、"左上"、"左下"、"右上"或"右下"8 个不同方位。

(7) 石膏效果滤镜：对黑白单色作用明显，特别是在白色背景产生渐变的效果。

① "图像平衡"选项用于设置前景色和背景色的使用比例，取值范围为 0～50。

② "平滑度"选项用于设置图像凸出部分与平面区域的过渡是否光滑自然，取值范围为 1～15。

③ "光照"选项用于设置光源的照明方向，可以选择"下"、"上"、"左"、"右"、"左上"、"左下"、"右上"或"右下"8 个不同方位。

(8) 水彩画纸滤镜：产生一种十字渗透的效果，模拟在被水浸湿或潮湿的纤维纸上作画的效果。

① "纤维长度"选项用于设置颜色渗透的程度，取值范围为 3～50。

② "亮度"选项用于设置图像的亮度,取值范围为 0～100。

③ "对比度"选项用于设置图像暗调区域与亮调区域的对比度差异,取值范围为 0～100。

(9) 撕边滤镜:依据前景色和背景色使亮调分界处产生毛边,形成柔和毛绒过渡带,得到碎纸片效果。适合于在高对比度的图像中使用。

① "图像平衡"选项用于设置前景色和背景色的使用比例,取值范围为 0～50。

② "平滑度"选项用于设置凹凸部分是否光滑过渡,取值范围为 1～15。

③ "对比度"选项用于设置前景色和背景色的对比度差异,取值范围为 1～25。

(10) 炭笔滤镜:使用前景色和背景色概化图像为线条图,模仿炭精笔绘图效果。

① "炭笔粗细"选项用于设置炭笔笔尖的尺寸,取值范围为 1～7。

② "细节"选项用于设置炭笔重绘效果的细腻程度,取值范围为 0～5。

③ "明/暗平衡"选项用于设置图像中前景色和背景色的比例,取值为 0～100。

(11) 炭精笔滤镜:使用前景色和背景色模拟粉笔画和蜡笔画,产生各种板报涂抹效果。

① "前景色阶"选项用于设置前景色作用范围,取值范围为 1～15。

② "背景色阶"选项用于设置背景色作用范围,取值范围为 1～15。

③ "纹理"选项用于设置重绘图像时使用的底纹效果。可以选择 Photoshop 提供的"砖形"、"粗麻布"、"画布"或"砂岩"纹理,也可以单击 按钮载入一个 .psd 格式的图像作为自定义的纹理。

④ "缩放"选项用于设置所使用纹理与纹理尺寸的比例关系,取值范围为 50～200。

⑤ "凸现"选项用于设置纹理的凸凹程度,取值范围为 0～50。

⑥ "光照"选项用于设置光源的照射方向,有 8 个可选方向。

⑦ "反相"复选框用于切换纹理的凸凹面。

(12) 图章滤镜:将图像色彩概括为两个色阶,简化图像,突出主体。最好直接作用在灰度图上。

① "明/暗平衡"选项用于设置图像中前景色和背景色的比例,取值范围为 0～50。

② "平滑度"选项用于设置凹凸部分是否光滑过渡,取值范围为 1～50。

(13) 网状滤镜:使用前景色和背景色模拟网覆盖在图像上的情景。

① "浓度"选项用于设置网格密度,取值范围为 0～50。

② "前景色阶"选项用于设置前景色作用范围,取值范围为 0～50。

③ "背景色阶"选项用于设置背景色作用范围,取值范围为 0～50。

(14) 影印滤镜:通过填充背景色作为重绘底色,根据识别出的图像色块边缘,产生一种用前景色勾边重画的拓印效果。

① "细节"选项用于设置重绘效果对原图像的保留程度,取值范围为 1～24。

② "暗度"选项用于设置暗调区域的颜色深度,取值范围为 1～50。

5.纹理滤镜组

纹理滤镜组共包括 6 种滤镜,通过替换像素,增强像素对比度,夸张图像纹理,模拟具有深度或质感的材质外观,使图像产生具有大面积底纹的效果。图 12-13 中分别给出了原图和不同杂色滤镜处理后的效果图,效

图片 12-13

果名横线后是滤镜参数。

龟裂缝滤镜-20, 5, 5

颗粒滤镜-25, 50, 喷洒

马赛克拼贴滤镜-30, 5, 0

拼缀图滤镜-10, 15

染色玻璃滤镜-10, 4, 5

纹理化滤镜-砖形, 200, 15, 左上

图 12-13　纹理滤镜处理效果

(1) 龟裂缝滤镜：产生凹凸不平的裂纹效果。

① "裂缝间距" 选项用于设置裂缝的缝隙大小，取值范围为 2～100。

② "裂缝深度" 选项用于设置裂缝深度，取值范围为 0～10。

③ "裂缝亮度" 选项用于设置裂缝亮度，取值范围为 0～10。

(2) 颗粒滤镜：产生点状颗粒纹理。

① "强度" 选项用于设置颗粒数量，取值范围为 0～100。

② "对比度" 选项用于设置颗粒对比度，取值范围为 0～100，值越大，颗粒越清晰明显。

③ "颗粒类型" 选项用于设置颗粒形状，可以选择 "常规"、"柔和"、"喷洒"、"结块"、"强反差"、"扩大"、"点刻"、"水平"、"垂直" 或 "斑点" 共 10 种不同形状颗粒效果。

(3) 马赛克拼贴滤镜：将图像分割成若干块状区域并对区域间隙处进行凹陷处理，产生块状平铺效果，块形状不规则但位置及分布均匀。

① "拼贴大小" 选项用于设置马赛克块状的大小，取值范围为 2～100。

② "缝隙宽度" 选项用于设置马赛克块状间缝隙的宽度，取值范围为 1～15。

③ "加亮缝隙" 选项用于设置马赛克块状间缝隙的亮度，取值范围为 0～10。

(4) 拼缀图滤镜：将图像概化并分成若干区域，对每个区域按色阶进行凸凹处理，产生块填塞效果。

① "方形大小" 选项用于设置拼贴用到正方形大小，取值范围为 0～10。

② "凸现" 选项用于设置拼贴用的正方形凸起高度，取值范围为 0～25。

(5) 染色玻璃滤镜：概化图像并将其分为不规则区域，区域间隙用前景色分隔，产生彩色玻璃格连接构成图像的效果。

① "单元格大小" 选项用于设置彩色玻璃格子的大小，取值范围为 2～50。

② "边框粗细"选项用于设置彩色玻璃格子的边框大小，取值范围为 1～20。

③ "光照强度"选项用于设置彩色玻璃格子的光照程度，取值范围为 0～10。

(6) 纹理化滤镜：允许设置不同纹理产生各种压印凹陷的效果，图像保持原来的颜色和清晰度，图像细节也不会被破坏。

① "纹理"选项用于设置添加到图像的纹理图案。可以选择系统提供的"砖形"、"粗麻布"、"画布"或"砂岩"纹理，也可以单击 ▼≡ 按钮载入一个.psd 格式的图像作为自定义的纹理。

② "缩放"选项用于设置所使用纹理与纹理尺寸的比例关系，取值范围为 50～200。

③ "凸现"选项用于设置纹理的凸凹程度，取值范围为 0～50。

④ "光照"选项用于设置光源的照射方向，有"下"、"上"、"左"、"右"、"左上"、"左下"、"右上"或"右下" 8 个可选方向。

⑤ "反相"复选框用于切换纹理的凸凹面。

6. 像素化滤镜组

图片 12-14

像素化滤镜组共包括 7 种滤镜，通过对图像中像素进行分区域，将区域内像素同一化形成色块，以色块重构图像产生各种特殊效果。图 12-14 中分别给出了不同像素化滤镜处理后的效果图，效果名横线后是滤镜参数。

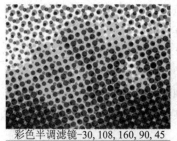
彩色半调滤镜-30, 108, 160, 90, 45

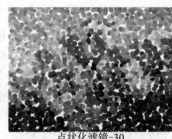
点状化滤镜-30

晶格化滤镜-30

马赛克滤镜-30

碎片滤镜

铜版雕刻滤镜-短直线

图 12-14　像素化滤镜处理效果

(1) 彩块化滤镜：没有对话框，不可设置。通过将色彩相近的像素分组，形成大小和形状各异的色块，模拟水粉画效果。图像分辨率越低效果越明显。

(2) 彩色半调滤镜：模拟印刷中设置的网点在图像中添加圆点效果。适合用于处理黑白图像，表现一种怀旧格调。

① "最大半径"选项用于设置半调网点的最大半径值，取值范围为 4～127。

② "网角"选项用于设置每个通道中的网点与实际水平线的夹角。

(3) 点状化滤镜：将图像分解为随机的点状色块，点间隙用背景色填充，模拟西方点彩画派绘画效果。

"单元格大小"选项用于设置点大小，取值范围为 3～300。点间空区域用系统的背景色填充。

(4) 晶格化滤镜：对颜色相近的像素进行集中，形成有层次的块面。

"单元格大小"选项用于设置晶格的大小，取值范围为 3～300。

(5) 马赛克滤镜：将图像平均分割成块状，并均化块内像素颜色，产生电视图像中马赛克的效果。

"单元格大小"选项用于设置马赛克方形的大小，取值范围为 2～200。

(6) 碎片滤镜：没有对话框，不可设置。通过将图像平移叠加四次，模拟摇摆偏移的效果。

(7) 铜版雕刻滤镜：用样式不同的点、线来重绘图像，产生铜版画效果。

"类型"选项用于设置在金属版上刻画的笔触形状。有"精细点"、"中等点"、"粒状点"、"粗网点"、"短直线"、"中长直线"、"长直线"、"短描边"、"中长描边"和"长描边"共 10 种不同类型可以选择。

7. 渲染滤镜组

渲染滤镜组共包括 5 种滤镜，通过模拟光线对图像造成的不同影响，产生照明效果或制造肌理。图 12-15 中分别给出了原图和不同渲染滤镜处理后的效果图，效果名横线后是滤镜参数。

图片 12-15

原图　　　　　　分层云彩滤镜

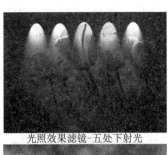
光照效果滤镜-五处下射光

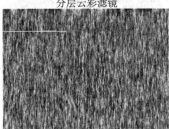
镜头光晕滤镜-35毫米聚焦　　　　　纤维滤镜-32, 10

云彩滤镜

图 12-15　渲染滤镜处理效果

(1) 分层云彩滤镜：没有对话框，不可设置。效果与前景色和背景色相关，所产生的图像与云状像素群混合反白的效果，实际上就是图像与云彩滤镜效果层的差值混合效果。连续使用可得到不同的随机纹理。

(2) 光照效果滤镜：通过设置不同光照类型和光照特性，模拟不同样式的灯光产生的不同的立体光照效果。光照效果滤镜可在如图 12-16 所示的对话框中设置。

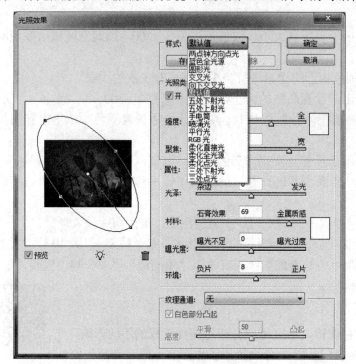

图片 12-16

图 12-16   光照效果滤镜对话框

① "样式"选项用于设置不同类型的光源效果。通过"样式"下拉列表，可选择 Photoshop 提供的 17 种不同样式的光照效果；使用鼠标单击"存储"按钮可将当前光照效果保存为新样式；单击"删除"按钮可将选中的光照样式从下拉列表中删除。

② "光照类型"选项区用于设置光照的类型、光照强度和聚焦情况。选中复选框"开"时，"光照类型"下拉列表中的选择才有用。"点光源"有明显的光源点，可投射出一个光柱，阴影具有明显方向；"平行光"模拟从远处投射过来的光线，以获得光照角度不变的光照效果，阴影也具有明显方向；"全光源"模拟光源位于物体正上方，阴影围绕在物体四周，没有明显方向。"强调"用于设置指定光源的强度，取值范围为–100～100。"聚焦"用于设置光线的作用范围。

③ "属性"选项区用于设置光照效果的具体特征。"光泽"用于设置表面的反光程度，取值范围为–100～100。"材料"用于设置谁的反射率更高，取值范围为–100～100，"塑料"方表示反射光照的颜色，"金属"方表示反射图像像素本身的颜色。"曝光度"用于设置光照程度，取值为-100～100，负值表示减少光照，正值表示增加光照。"环境"用于设置漫射光，使添加的光照效果与其他光照效果相互融合，取值范围为–100～100，数值 100 表示只使用添加的光源，数值-100 表示完全忽略添加的光源，除此以外的负值表示光线颜色更接近图像像素的补色，正值表示光线颜色更接近图像像素本来的颜色。

④ "纹理通道"选项区用于设置光照效果下添加的纹理来源。"纹理通道"下拉列表中可以选择"无"、"Alpha"、"红通道"、"绿通道"、"蓝通道"等一系列出现在当前图像通道面板中的所有内容。"白色部分凸出"复选框选中可使通道中的白色区域作为凸出纹理，

若没有选中复选框，则使通道中的黑色区域作为凸出纹理。"高度"用于设置凸出纹理的程度。

(3) 镜头光晕滤镜：用于产生逆光拍摄时光线影响的效果。

① "光晕中心"即为滤镜效果预览区中十字形状的光标。使用鼠标在预览区图像上单击，即可设置镜头光晕的位置。

② "亮度"选项用于设置光晕的亮度，取值范围为 10～300。

③ "镜头类型"选项用于设置不同种类的光晕形状，可以选择"50-300 毫米变焦"、"35 毫米聚焦"、"105 毫米聚焦"或"电影镜头"。

(4) 纤维滤镜：使用 Photoshop 的前景色和背景色创建的编织纤维效果将选中的像素群完全覆盖，原图像效果将不被保留。

① "差异"选项用于设置纤维之间的差别程度，取值范围为 0.1～64，值越大，纤维纹理越长差异越大，图像越粗糙。

② "强度"选项用于设置纤维的对比度大小，取值范围为 0.1～64，值越大，纤维对比度越大，纹理越清晰。

③ "随机化"按钮用于在保持参数不变的情况下，随机产生不同的纤维纹理效果以更容易地获得满意的纤维外观。

(5) 云彩滤镜：没有对话框，不可设置，滤镜效果与前景色和背景色相关。产生一种随机分布的云雾效果。连续使用可产生随机纹理。

8. 艺术效果滤镜组

艺术效果滤镜组共包括 15 种滤镜，一般只能工作在 RGB 颜色模式的非空图层上，模拟天然或传统的艺术效果来重绘图像，使图像产生人工艺术品的效果。图 12-17 中分别给出了不同艺术效果滤镜处理后的效果图，效果名横线后是滤镜参数。

(1) 壁画滤镜：使用短圆的颜料块粗略涂抹重绘图像，模拟潮湿斑驳，日久风化的古壁画效果。

① "画笔大小"选项用于设置画笔的尺寸，取值范围为 0～10，值越大，重绘后的图像越清晰。

② "画笔细节"选项用于设置对原图像的细节保留程度，取值范围为 0～10，值越大，重绘后的图像越接近原图。

③ "纹理"选项用于设置颜色过渡期所产生的纹理清晰度，取值范围为 1～3，值越大，纹理越清晰。

(2) 彩色铅笔滤镜：依据前景色和背景色处理图像，产生斜长的组合线条，用于模拟绘画中彩色铅笔在纯色背景纸上作画的效果。

① "铅笔宽度"选项用于设置铅笔笔尖尺寸，取值范围为 1～24，值越大，绘制的线条越粗。

② "描边压力"选项用于设置铅笔画线的力度，取值范围为 0～15。

③ "纸张亮度"选项用于设置纯色背景的亮度，取值范围为 0～50。

(3) 粗糙蜡笔滤镜：模拟粉笔在质地粗糙的材质上涂画，产生划痕肌理。

① "描边长度"选项用于设置线条长度，取值范围为 0～40。

图片 12-17

② "描边细节"选项用于设置重绘图像时保留原图的程度，取值范围为 1～20。

③ "纹理"选项区设置同纹理化滤镜中设置相同。

图 12-17　艺术效果滤镜处理效果

(4) 底纹效果滤镜：可设置各种纹理，产生在底纹上重绘图像的效果。底纹滤镜不能保持图像细节不变。

① "画笔大小"选项用于设置重绘图像时使用的画笔尺寸，取值范围为 0～40。

② "纹理覆盖"选项用于设置重绘图像时纹理的影响程度，取值范围为 0～40。

③ "纹理"选项区设置同纹理化滤镜中的设置相同。

(5) 干画笔滤镜：模拟油画绘制过程中油墨不饱和的笔触效果，产生干枯肌理。

① "画笔大小"选项用于设置重绘图像时使用的画笔尺寸，取值范围为 0～10。

② "画笔细节"选项用于设置重绘的细腻程度，取值范围为 0～10。

③ "纹理"选项用于设置颜色过渡期所产生的纹理清晰度，取值范围为 1～3，值越大，纹理越清晰。

(6) 海报边缘滤镜：将图像中暗调像素群直接黑化，模拟勾边填充的效果。

① "边缘厚度"选项用于设置边缘的宽度，取值范围为 0～10。

② "边缘强度"选项用于设置边缘清晰程度，取值范围为 0～10。

③ "海报化"选项用于设置海报渲染的程度，取值范围为 0～6。

(7) 海绵滤镜：模拟用海绵润湿画布的效果。通常笔触不宜设置太大。

① "画笔大小"选项用于设置海绵的尺寸，取值范围为 0～10。

② "清晰度"选项用于设置海绵绘制效果的程度，取值范围为 0～25。

③ "平滑度"选项用于设置颜色过渡的平滑程度，取值范围为 1～15。

(8) 绘画涂抹滤镜：可设置不同类型的画笔来重绘图像，获得各种类型的绘画涂抹效果。

① "画笔大小"选项用于设置画笔的尺寸，取值范围为 1～50。

② "锐化程度"选项用于设置涂抹时画笔的清晰程度，取值范围为 0～40。

③ "画笔类型"选项用于设置涂抹绘画的种类，可以选择"简单"、"未处理光照"、"未处理深色"、"宽模糊"和"火花"五种不同类型。

(9) 胶片颗粒滤镜：模拟摄影感光胶片，产生不均匀的细小颗粒效果。

① "颗粒"选项用于设置颗粒的数量，取值范围为 0～20。

② "高光区域"选项用于设置亮调范围大小，取值范围为 0～20。

③ "强度"选项用于设置颗粒的清晰程度，取值范围为 0～10，值越小，高光区域内颗粒越明显。

(10) 木刻滤镜：根据图像色块边缘轮廓对图像进行概化，模拟木刻版画的效果。

① "色阶数"选项用于设置图像的颜色层次，取值范围为 2～8。

② "边缘简化度"选项用于设置边缘的简化程度，取值范围为 0～10，若取值为 10 则边缘完全消失。

③ "边缘逼真度"选项用于设置边缘的精确程度，取值范围为 1～3。

(11) 霓虹灯光滤镜：与前景色和背景色相关，模拟氖光灯照明效果。

① "发光大小"选项用于设置灯光的照射范围，取值范围为 –24～24，负值表示内发光，正值表示外发光。

② "发光亮度"选项用于设置灯光的强度，取值范围为 0～50。

③ "发光颜色"选项用于设置灯光颜色。单击色块即可使用拾色器进行颜色替换。

(12) 水彩滤镜：通过往图像中增加黑色产生水印痕迹，模拟水墨画效果。最好作用于灰度图。

① "画笔细节"选项用于设置重绘图像的细腻程度，取值范围为 1～14。

② "阴影强度"选项用于设置水彩效果中阴影的范围和暗度，取值范围为 0～10，值越大阴影范围越大，区域也越暗。

③ "纹理"选项用于设置颜色过渡时所产生的纹理，取值范围为 1～3，值越大，纹理越清晰。

(13) 塑料包装滤镜：根据图像色阶产生起伏效果，模拟使用塑料薄膜包装物体的效果。

① "高光强度"选项用于设置图像中高光区的亮度，取值范围为 0～20。

② "细节"选项用于设置图像高光区对原图细节的保留程度，取值范围为 1～15。

③ "平滑度"选项用于设置塑料效果的光滑程度，取值范围为 1～15。

(14) 调色刀滤镜：通过对图像颜色的概化，产生色块相互融合的写意效果。

① "描边大小"选项用于设置绘图画笔笔尖的粗细程度，取值范围为 1～50。

② "描边细节"选项用于设置重绘后的图像与原图的近似程度，取值范围为 1～3。

③ "软化度"选项用于设置绘图笔画的柔和程度，取值范围为 0～10。

(15) 涂抹棒滤镜：产生以条状笔触在图像上涂抹重绘的效果。

① "描边长度"选项用于设置涂抹笔画的线条长度，取值范围为 0～10，值越大，线条越长，暗调部分变亮越明显。

② "高光区域"选项用于设置高光区域的范围，取值范围为 0～20。

③ "强度"选项用于设置涂抹的力度，取值范围为 0～10，值越大，涂抹效果越明显。

9．Digimarc 滤镜组

Digimarc 滤镜组只有两个滤镜，分别用于嵌入或读取水印图像。

(1) 嵌入水印滤镜：嵌入水印之前应先合并图像，避免水印只对当前图层有效的情况发生。一幅图像只能嵌入一个水印，若图像窗口中的图像已有水印，则嵌入水印滤镜无效。

(2) 读取水印滤镜：用于获取当前图像窗口中嵌入在图像的水印中的信息，如 ID、版权和图像属性等等。

12.2.3　特殊滤镜

特殊滤镜是相对于众多滤镜组而言比较特殊，它们相对比较独立，但功能相对却很强大。

1．液化滤镜

液化滤镜模拟液态流动的状态和效果，可以通过推、拉、转等操作实现流淌、膨胀等变形效果。液化滤镜不能作用于索引、位图和多通道颜色模式的图像上。

执行"滤镜"菜单中的"液化"命令，或按下 Ctrl + Shift + X 组合键，均可打开如图 12-18 所示的"液化"滤镜对话框。

对话框从左到右依次分为三个区域。

(1) 工具区：用于提供液化滤镜可使用的所有工具。

① "向前变形工具"用于在鼠标拖动时向前推动像素。

② "重建工具"可以在鼠标光标拖动区内恢复变形的图像。

③ "顺时针旋转扭曲工具"可以实现按住鼠标左键或拖动鼠标时顺时针旋转像素，若要逆时针旋转，则需按住 Alt 键。

④ "褶皱工具"可以使像素向画笔区域的中心移动，产生向内收缩的效果。

⑤ "膨胀工具"可以使像素以画笔区域为中心向四周移动，产生向外膨胀的效果。

图片 12-18

图 12-18 "液化"滤镜对话框

⑥ "左推工具"可以实现随着鼠标移动而推移像素。当鼠标垂直向上拖动时，像素向左移动；当鼠标垂直向下拖动时，像素向右移动；当鼠标围绕对象顺时针拖动时，可放大对象；当鼠标围绕对象逆时针拖动时，可缩小对象。

⑦ "镜像工具"可以将与画笔划过方向垂直的像素拷贝到画笔区域以产生对称效果。当鼠标垂直向上拖动时，将拷贝左侧像素以实现对称效果；当鼠标垂直向下拖动时，将拷贝右侧像素以实现对称效果。

⑧ "湍流工具"可以实现平滑混合像素。

⑨ "冻结蒙版工具"可以实现对图像上被绘制过的区域进行保护，不受之后的变形操作影响。

⑩ "解冻蒙版工具"可以实现对被冻结图像的解冻，使其不再受到保护。

⑪ "抓手工具"可以实现移动图像显示区。

⑫ "缩放工具"可以实现放大或缩小图像显示视图。

(2) 预览区：用于预览滤镜效果。

(3) 工具属性编辑区：用于设置工具区中各种工具的操作特征。

① "工具选项"区用于设置当前选中的工具的属性。

② "重建选项"区用于设置重建方式以及撤销调整效果。

③ "蒙版选项"区用于设置蒙版的保留方式。

④ "视图选项"区用于设置图像、网格和背景的显隐。

2. 消失点滤镜

消失点滤镜通过提供自定义参考线在图像中指定平面，来简化在包含透视平面的图像中进行透视调整和编辑的操作。

执行"滤镜"菜单中的"消失点"命令，或按下 Ctrl+Alt+V 组合键，可打开如图 12-19 所示的"消失点"滤镜对话框。

① "编辑平面工具 <img>" 用于选择、编辑、移动平面的节点以及调整平面大小。

图片 12-19

图 12-19 "消失点"滤镜对话框

② "创建平面工具 <img>" 用来定义透视平面的 4 个角节点。按下 Backspace 键可以删除一个错误的角点；按住 Ctrl 键拖动平面边节点可以拖曳出一个垂直平面。

③ "选框工具 <img>" 用于选取图像。选取图像后，将光标移至选区，按住 Alt 键拖动图像可以实现图像的复制；按住 Ctrl 键拖动选区，可用源图像填充选区。

④ "图章工具 <img>" 与工具箱中图章工具使用方法相同。

⑤ "画笔工具 <img>" 用于在图像上绘制选定的颜色。

⑥ "变换工具 <img>" 通过移动定界框上的锚点来缩放、旋转和移动浮动选区。

⑦ "吸管工具 <img>" 用于吸取图像中颜色作为画笔的绘图色。

⑧ "测量工具 <img>" 用于在平面中测量对象的距离和角度。

⑨ "手抓工具 <img>" 和"缩放工具 <img>" 功能与工具箱中一致。

3. 镜头校正滤镜

镜头校正滤镜主要用于校正图像中因为相机镜头原因而造成的变形与失真。

执行"滤镜"菜单中的"镜头校正"命令，或按下 Ctrl+Shift+R 组合键，可打开如图 12-20 所示的"镜头校正"滤镜对话框。

图片 12-20

图 12-20 "镜头校正"滤镜对话框

对话框从左到右，从上到下依次分为三个区域。

(1) 工具区：提供镜头校正滤镜可使用的所有工具。

① "移去扭曲工具🔳"用于实现在图像中拖动以校正图像的凸起或凹陷变形。从图像中心向外拖动即可校正中心压缩凹陷的失真效果；从四周向图像中心拖动即可校正中心膨胀变形的失真效果。

② "拉直工具📐"用于实现在图像中拖动以校正图像的倾斜角度。

③ "移动网络工具🖐"移动预览区中的网格使图像对齐，便于精确调整图像。

④ "手抓工具"和"缩放工具"与工具箱中功能一致。

(2) 预览区：用于预览滤镜效果。

(3) 图像参数区：用于显示拍摄图像时的相机、镜头等参数。

① "预览"复选框用于设置是否在预览区实时显示滤镜效果。

② "显示网格"复选框用于设置是否在预览区中显示与图像相匹配的网格效果。

③ "大小"选项用于设置网格的尺寸。

④ "颜色"选项用于定义网格颜色。

(4) 参数设置区：使用"自动校正"和"自定"选项卡对镜头校正效果进行控制。在"自动校正"选项卡下，Photoshop 会直接使用默认的内置相机、镜头等参数对图像进行智能调整。在"自定"选项卡中，设置项目要复杂的多。

① "几何扭曲"选项区主要用于校正桶形失真或枕形失真。

② "色差"选项区用于校正色边，去掉边缘处的一些色差效果。

③ "晕影"选项区用于设置画面四角处的变暗的效果。向右进行调整是使四角变亮，向左调整则是使四角变暗。

④ "变换"选项区包含了垂直透视和水平透视效果，通过调整这两个数值可以校正相机拍摄角度所导致的透视问题。通过调整角度也可以调整画面的一个旋转角度。比例数值则用来控制镜头校正的一个比例。

4. 滤镜库

滤镜库不是单一的一个滤镜，它是 Photoshop 中滤镜的组合体，滤镜库中包括了风格

化滤镜组、画笔描边滤镜组、扭曲滤镜组、素描滤镜组、纹理滤镜组和艺术效果滤镜组。

执行"滤镜"菜单中的"滤镜库"命令可打开如图 12-21 所示的"滤镜库"对话框。当使用风格化滤镜组、画笔描边滤镜组、扭曲滤镜组、素描滤镜组、纹理滤镜组或艺术效果滤镜组的某些滤镜时，Photoshop 也会自动打开"滤镜库"对话框。

"滤镜库"对话框从左到右，从上到下依次可以分为五个区域。

(1) 预览区：用于预览图像经滤镜处理后的效果。在预览区中，可通过左下角的显示比例工具栏 ⊟ ⊞ 100% ⏷ 对图像进行缩放。

(2) 滤镜选择区：用于展示滤镜库可以使用的所有滤镜。单击 ▶ 按钮可以实现该组滤镜的展开显示，单击 ▼ 按钮可以折叠该组滤镜。

(3) 按钮区：包括"确定"和"取消"两个按钮，用于控制是否将滤镜效果作用到图像上。

图片 12-21

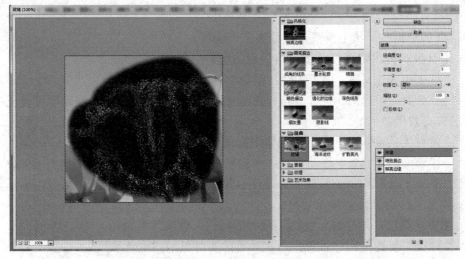

图 12-21　"滤镜库"对话框

(4) 滤镜设置区：在滤镜库中选中一个滤镜后，滤镜设置区的内容随之发生变化，以控制所选滤镜的具体执行效果。位于滤镜设置区上部的组合框也可用于更换不同滤镜。

(5) 滤镜效果层控制区：该区域以效果层的方式显示滤镜库中所执行的滤镜效果。单击 🗔 按钮可以添加一种新的滤镜效果。单击 🗑 按钮可以将当前选中的滤镜效果删除。用鼠标在滤镜效果层控制区中拖动改变滤镜效果层顺序，滤镜库的对应滤镜执行的顺序也会随之改变，导致最终滤镜效果发生变化。

5. 智能滤镜

智能滤镜实际上不是一种滤镜，它是应用于智能对象的滤镜。一个滤镜是不是智能滤镜，取决于它是否能在智能对象上进行操作。

添加智能滤镜要使用"滤镜"菜单的"转换为智能滤镜"命令。在图层面板中单击智能滤镜前面的眼睛图标，即可控制智能滤镜效果的显隐。在图层面板上，使用鼠标右键单击智能滤镜的名称，即可对该智能滤镜进行编辑、停用和删除的操作。若要针对所有智能滤镜进行操作，可使用鼠标右键单击图层面板中的智能滤镜，在弹出的快捷菜单中执行相应操作，包括停用、删除和清除智能滤镜。

12.3 外 挂 滤 镜

12.3.1 导入外挂滤镜

Photoshop 在进行图像编辑时，可以通过不同滤镜的组合使用来得到所需的图像处理效果。当 Photoshop 自带的内置滤镜不能满足使用要求的时候，就需要向 Photoshop 中导入外部滤镜。

Photoshop 的滤镜基本都安装在其系统安装目录的 Plug-Ins 子目录下，导入的外部滤镜也可以放在这里。Photoshop 导入外部滤镜有以下三种方法。

1．外挂滤镜包自动安装

有些外挂滤镜本身带有搜索 Photoshop 目录的功能，会把滤镜部分安装在 Photoshop 目录下，把启动部分安装在 Program Files 下。这种外挂滤镜软件如果用户没有注册过，每次启动计算机后都会跳出一个提示用户注册的对话框。

重启 Photoshop 后，新安装的外挂滤镜会在 Photoshop 的"滤镜"菜单中自动生成一个菜单项，菜单项名称通常与所安装的外挂滤镜的出品公司相关甚至一致，展开该菜单项可以看到所安装的外挂滤镜包中所有的滤镜。

2．外挂滤镜包的手工安装

大多数外挂滤镜都可以手工选择安装路径，而且不一定非得与 Photoshop 安装目录相关。将外挂滤镜安装到目标文件夹中后，可以在 Photoshop 的"编辑"菜单"首选项"子菜单中执行"增效工具"命令，打开如图 12-22 所示的设置框。

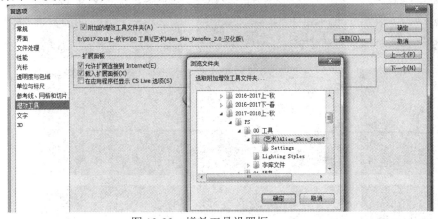

图片 12-22

图 12-22 增效工具设置框

重启 Photoshop 后，新安装的外挂滤镜也可以在"滤镜"菜单中自动生成的可展开的菜单项中看到。

3．直接拷贝外挂滤镜

有些滤镜不需要安装，直接将要添加的滤镜(.8BF 文件)拷贝到 Photoshop 安装路径下名为 Plug-Ins 的文件夹内，重新启动 Photoshop 系统，即可在"滤镜"菜单中发现新添加的滤镜命令。

所有的外挂滤镜安装完成后均无需重启计算机，但要重启 Photoshop 才能使用。

12.3.2　Alien Skin Xenofex 外挂滤镜

Alien Skin Xenofex 外挂滤镜延续了 Alien Skin Software 设计的一贯风格，操作简单、效果精彩，是图形图像设计的一个好助手。Alien Skin Xenofex 主要包括了 14 种滤镜，图 12-23 中分别给出了不同滤镜处理后的效果图。

图片 12-23

图 12-23　Alien Skin Xenofex 滤镜处理效果

(1) 触电滤镜：模拟一种触电的效果。

(2) 电视滤镜：模拟老式电视的效果。

(3) 粉碎滤镜：模拟镜面破碎的效果。

(4) 经典马赛克滤镜：模拟马赛克效果。

(5) 卷边滤镜：模拟各种卷边效果。

(6) 裂纹滤镜：模拟干裂土地效果。

(7) 拼图滤镜：模拟拼图效果。

(8) 旗帜滤镜：模拟各种迎风飘舞的旗子和飘带效果。

(9) 燃烧边缘滤镜：模拟边缘燃烧的效果。

(10) 闪电滤镜：模拟无数变化的闪电效果。

(11) 污染滤镜：模拟污渍沾染效果。

(12) 星座滤镜：模拟群星灿烂的效果。

(13) 絮云滤镜：模拟各种云朵效果。

(14) 折皱滤镜：模拟十分逼真的折皱效果。

12.4 课堂示例及练习

1. 素描图

内容：打开素材 12-2，将其制作成黑白素描图片，并保存为"素描图.psd"标准图像文件。

提示：

(1) 先利用裁剪工具将素材规范为标准图像文件的大小。

 视频 12-24 素描图效果

(2) 利用特殊模糊工具实现对素材图像中色块边缘的勾勒，产生线条图。

(3) 使用"图像"菜单"调整"子菜单中的"反相"命令实现白纸黑字效果。

2. 奔驰的汽车

内容：打开素材 12-1，把静态的汽车制作出奔驰而过的效果，并保存为"奔驰的汽车.psd"的标准图像文件。

提示：

(1) 可以先利用裁剪工具将素材规范为标准图像文件的大小。

(2) 利用动感模糊滤镜模拟汽车车身的运动效果。

 视频 12-25 奔驰的汽车效果

(3) 利用径向模糊模拟汽车轮子的运动效果。

3. 柔光照

内容：打开素材 12-3，为其制作柔光照片，并保存为"柔光照.psd"的标准图像文件。

提示：

(1) 先利用裁剪工具将素材规范为标准图像文件的大小。

(2) 利用模糊工具实现素材中清晰或锐化边缘的柔和化，或减

 视频 12-26 柔光照效果

少素材图中的杂色干扰。

(3) 使用不同图层完成不同处理，最后利用图层混合模式实现柔光效果。

4．清晰化图像

内容：打开素材 12-4，将模糊图片清晰化后另存为标准图像文件"清晰化.psd"。

提示：

(1) 先利用裁剪工具将素材规范为标准图像文件的大小。

(2) 利用锐化滤镜组成员去除图像中的模糊效果。

(3) 利用其他滤镜组中的高反差保留滤镜加强图像清晰度。

视频 12-27　清晰化图像效果

5．自制牛仔布

内容：新建标准图像文件"牛仔布.psd"，参考样图 12-24 完成牛仔布效果制作，并保存为"牛仔布.psd"标准图像文件。

图 12-24　牛仔布参考效果

视频 12-28　牛仔布效果

提示：

(1) 利用填充工具制作花布底色。

(2) 利用风格化滤镜组中的拼贴滤镜产生花布格子。

(3) 在不同通道中执行像素化滤镜组中的碎片滤镜，可得到不同的花布效果。

6．印章效果

内容：新建标准图像文件"印章.psd"，参考样图 12-25 完成印章效果制作，并保存为"印章.psd"标准图像文件。

视频 12-29　印章效果

图 12-25　印章参考效果

提示:

(1) 利用形状工具制作印章外形。

(2) 利用文字工具制作路径字。

(3) 在普通层上制作纯色的完整印章效果。

(4) 利用杂色滤镜为印章添加杂点制作斑驳效果。

7. 风雪图

内容:打开素材文件 12-5,参考样图 12-26 完成风雪效果制作,并保存为"风雪图.psd"标准图像文件。

视频 12-30　风雪效果

图 12-26　风雪图参考效果

提示:

(1) 利用点状化滤镜制作雪花。

(2) 利用阈值将雪花和背景转换为黑白两色图像,并用滤色层模式将黑色部分过滤掉。

(3) 利用动感模糊滤镜制作风吹雪花产生的角度。

(4) 处理素材使其合适风雪交加的天气情况。

8. 水面倒影

内容:打开素材文件 12-6,参考样图 12-27 完成水面倒影效果制作,并保存为"倒影.psd"标准图像文件。

视频 12-31　水面倒影效果

图 12-27　倒影参考效果

提示：

(1) 利用画布大小命令获得制作倒影的空间。

(2) 利用变换命令获得倒影图像。

(3) 利用模糊滤镜组和扭曲滤镜组制作倒影效果。

(4) 最后使用羽化选区或柔边界画笔处理实物与倒影间的边界，使其自然过渡。

9. 水面波光

内容：新建标准图像文件"水面波光.psd"，参考样图 12-28 完成水面波光效果制作。

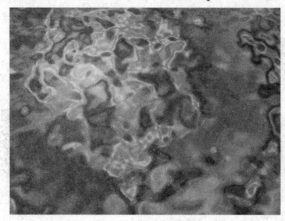

视频 12-32　水面波光效果

图 12-28　水面波光参考效果

提示：

(1) 利用云彩滤镜制作水面基本图案。

(2) 利用铬黄滤镜制作液体流动的效果。

(3) 利用透视变换制作水面效果。

(4) 利用填充层为水面着色。

(5) 利用画笔或镜头光晕滤镜为水面添加高光效果。

10. 云彩效果

内容：新建标准图像文件"云彩.psd"，参考样图 12-29 完成云彩效果制作。

视频 12-33　云彩效果

图 12-29　云彩参考效果

提示：

(1) 利用云彩滤镜制作云彩基本图像。

(2) 利用分层云彩滤镜和层混合模式制作云彩层次。

(3) 利用凸出滤镜制作厚重的云朵效果。

(4) 使用模糊滤镜处理云彩细节使其看上去自然。

11. 散射字

内容：新建标准图像文件"散射字.psd"，参考样图 12-30 完成散射字效果制作。

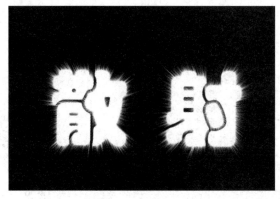

视频 12-34　散射字效果

图 12-30　散射字参考效果

提示：

(1) 利用文字工具制作文字图案。

(2) 利用极坐标滤镜将文字打散。

(3) 利用风滤镜吹出散射光。

(4) 再次反向执行极坐标滤镜将文字还原。

12. 火焰字

内容：新建标准图像文件"火焰字.psd"，参考样图 12-31 完成火焰字效果制作。

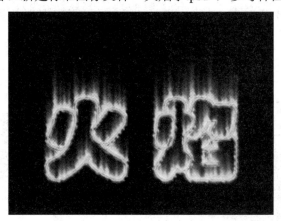

视频 12-35　火焰字效果

图 12-31　火焰字参考效果

提示：

(1) 利用文字工具制作文字图案。

(2) 利用风滤镜吹出火焰基本形状。

(3) 利用扩散滤镜获得焰火的自然边缘。

(4) 利用模糊滤镜使焰火柔和。

(5) 利用波纹滤镜让焰火产生跳动感。

(6) 利用索引颜色模式的黑体颜色表自动生成火焰层次及颜色。

13．版画

内容：打开素材文件 12-7，参考样图 12-32 完成版画效果制作，并保存为"版画.psd"标准图像文件。

视频 12-36　版画效果

图 12-32　版画参考效果

提示：

(1) 利用特殊模糊获得版画线条图。

(2) 利用反相命令获得白纸黑字的常规线条图像。

(3) 利用木刻滤镜产生静物素描版画效果。

(4) 最后使用羽化选区或柔边界画笔处理实物与倒影间的边界，使其自然过渡。

14．漫画

内容：打开素材文件 12-7，参考样图 12-33 完成漫画效果制作，并保存为"漫画.psd"标准图像文件。

视频 12-37　漫画效果

图 12-33　漫画参考效果

提示：

(1) 利用海报边缘滤镜获得海报化图像效果。

(2) 利用木刻滤镜获得图像概化效果。

(3) 调整图像的对比度和明暗区域。

(4) 利用 USM 锐化图像模拟漫画效果。

15. 木板浮雕

内容：以素材文件 12-7 的图案作为浮雕图案，完成木板浮雕效果制作，并保存为"木板浮雕.psd"标准图像文件。

提示：

(1) 利用云彩滤镜制作木板基本色。

(2) 利用添加杂色滤镜为木板添加杂色。

(3) 利用干画笔滤镜和切变滤镜为木板制作纹理。

(4) 调整木板的颜色和对比度。

视频 12-38　木板浮雕效果

(5) 利用任一能强化边缘的滤镜将素材文件图案进行突出，保存为.psd 文件。

(6) 利用纹理化滤镜把素材图案作为纹理载入到木板中。

第13章　综合案例

本章以三个综合案例复习前面章节中的知识点和操作技巧。

13.1　个人名片设计

视频 13-1　个人名片设计

个人名片的设计风格因人而异，但文字内容相对固定。所以在设计个人名片时，在尊重个人喜好的基础上可以任意组合画面的构成元素，既可以明示愿意公开的个人信息，又可以传达出个人性格特点。

本案例展示的名片设计画面简洁，采用经典灰色调，搭配简单文字设计，衬托出主人淡雅、静怡、传统的性格特点。具体操作步骤如下：

(1) 新建图像文件"个人名片设计.psd"，设置宽度为 9 cm，高度为 5 cm，分辨率 300 像素/英寸，颜色模式为 RGB，位深为 8 位，背景内容设置为白色。

(2) 选择油漆桶工具进行图案填充：选择"灰度纸"内置图案文件中的"木炭斑纹纸"，颜色混合模式默认为正常，不透明度设置为 100%，鼠标单击背景层任意位置完成图案填充。

(3) 打开素材"13-火焰花"。

(4) 执行"图像"菜单中的"计算"命令，源 1 和源 2 均使用红通道，以正片叠底的方式进行混合计算得到新通道 Alpha 1。

(5) 再对红通道和 Alpha 1 通道执行"图像"菜单中的"计算"命令，以叠加方式混合计算得到新通道 Alpha 2。

(6) 使用鼠标单击通道面板底部"将通道作为选区载入"按钮，载入 Alpha 2 对应的选区。

(7) 使用鼠标单击通道面板上的复合通道后切换到图层面板，拷贝火焰花到剪贴板。

(8) 切换到"个人名片设计"图像窗口。

(9) 将剪贴板内容粘贴到当前图像中，重命名该图层为"火焰花"。

(10) 将火焰花缩小为原来的 85%，并将其移动到名片左侧。

(11) 对火焰花图层执行"图像"菜单的子菜单"调整"中的"去色"命令，将图案变成灰色图像。

(12) 再执行"图像"菜单的子菜单"调整"中的"色阶"命令，将输入色阶三个值依次设置为 85，0.9，240，增强图案质感。

(13) 选择横排文字工具，设置字体为"华文琥珀"，字号为 12，输入文字"随意画廊"。

(14) 将文字层重命名为"单位名称"。

(15) 选中文字层中的所有文字，单击工具属性栏上的"切换字符和段落面板"按钮，打开字符面板，设置垂直缩放为 150%，水平缩放为 200%，所选字符的字距调整设置为 300。

(16) 选中文字层中"画廊"二字，更改字号为 18。

(17) 使用移动工具将文字层放置到合适位置。

(18) 选中文字层中所有文字，单击工具属性栏上的"创建文字变形"按钮对文本进行旗帜的水平变形，弯曲程度设置为 60%，水平扭曲 15%。

(19) 单击图层面板底部的"创建新图层"按钮，在文字层上方新建图层图层 1，重命名为"云彩"。

(20) 按键盘 D 键还原系统默认前景色与背景色，在云彩层上执行"滤镜"菜单的子菜单"渲染"中的"云彩"命令。

(21) 按住 Alt 键在文字层和云彩层之间单击，创建剪贴蒙版。

(22) 打开素材"13-毛笔字"。

(23) 使用移动工具直接将打开的毛笔字素材拖曳到"名片设计"图像中，并移动到合适的位置。

(24) 将拖曳毛笔字产生的图层 1 重命名为"姓名"。

(25) 将姓名层不透明度设置为 80%，混合模式设置为"正片叠底"，在保留毛笔字的同时去除背景。

(26) 选择横排文字工具，设置字体为"Times New Roman"，字体样式为加粗，字号为 6，依次输入文字"TEL:0871-12345678 MD:13812345678"，将输入文字放置到合适位置。

(27) 使用同一文字工具输入文字"E-MAIL: huazhu@126.com"，将输入内容放置到合适位置。

(28) 新建图层 1，按住 Ctrl 键使用鼠标单击"TEL…"层，载入文字选区，填充前景色。

(29) 按住 Ctrl 键使用鼠标单击"E-MAIL…"层，载入文字选区，填充前景色。

(30) 关闭两个文字层的显示。

(31) 新建图层 2，执行"滤镜"菜单的子菜单"渲染"中的"云彩"，再执行"滤镜"菜单的子菜单"渲染"中的"分层云彩"进行云彩色块强化。

(32) 按住 Alt 键在图层 1 和图层 2 之间使用鼠标单击，创建剪贴蒙版。

若对文字效果不满意，可以在确保选中云彩层的情况下，反复使用 Ctrl+F 组合键更换云彩效果，直到文字效果满意。

若需要将两组联系方式对齐，可以将两个文字图层编组，使用移动工具的对齐功能来自动对齐文本。

13.2　文化衫图案设计

文化衫上的图案多数为用户自己设定后加印在 T 恤上的，所以也称其为 DIY T 恤。文化衫设计不同于其他平面设计，其设计图案将随用户的动作显现出生命活力。文化衫设计风格一般以简洁为主，能直接反映"文化"的含义或其设计意图。因为 T 恤本身表面有纹理，太精致细腻的设计上身效果可能不太容易出彩，所以文化衫上的图案多以明快清晰的色块来表现，此外图案面积容易影响 T 恤穿着的透气性，所以还应该注意控制图案的位置和大小。

　　需要特别注意的是，使用 Photoshop 进行文化衫的设计时，设计图应设置为分辨率 300 像素/英寸，尺寸为 1:1 原大小(T 恤上多大的图案，设计尺寸也是多大)。

　　为直观感觉文化衫的设计效果，可以将设计图案添加到 T 恤素材图中查看效果。本案例中的文化衫设计构图简洁，将文字和标志相组合，留白的运用突出了设计主体，即明确了活动举办方为"随意画廊"，又体现了活动主题为"献爱心帮扶"。具体操作步骤如下：

1．设计图案

　　(1) 打开素材"13-心形"。

　　(2) 使用裁切工具，将分辨率设置为 300 像素/英寸，对图像进行裁剪，保留心形图案。

视频 13-2　文化衫图案设计

　　(3) 执行"图像"菜单中的"图像大小"命令，在图像大小对话框中全选三个复选框，再将图像宽度更改为 40 cm。

　　(4) 对红通道和绿通道执行"图像"菜单中的"计算"命令，以正片叠底方式混合计算得到新通道 Alpha 1。

　　(5) 对红通道和蓝通道执行"图像"菜单中的"计算"命令，以叠加方式混合计算得到新通道 Alpha 2。

　　(6) 对 Alpha 1 通道和 Alpha 2 通道执行"图像"菜单中的"计算"命令，以变亮方式混合计算得到新通道 Alpha 3。

　　(7) 使用鼠标左键单击通道面板底部"将通道作为选区载入"按钮，载入 Alpha 3 对应的选区。

　　(8) 使用鼠标左键单击通道面板上的复合通道后切换到图层面板，使用 Ctrl+J 组合键以选区图像创建新图层 1。

　　(9) 按住 Ctrl 键使用鼠标左键单击图层面板底部的创建新图层按钮，在图层 1 下方创建图层 2，填充白色。

　　(10) 选择图层 1 为当前图层，执行"图像"菜单的子菜单"调整"中的"反相"命令，突出心形效果。

　　(11) 在图层 1 上执行"图像"菜单的子菜单"调整"中的"去色"命令，使心形效果变成灰度图像。

　　(12) 在图层 1 上执行"图像"菜单的子菜单"调整"中的"色阶"命令，将输入色阶的三个值依次设置为 120，1，255。

　　(13) 将效果图保存为"T 恤图案设计.psd"。

　　(14) 打开素材"13-毛笔字-随意"。

　　(15) 执行"图像"菜单中的"图像大小"命令，在图像大小对话框中全选三个复选框，再将毛笔字宽度更改为 20 cm。

　　(16) 切换到通道面板，复制红通道为红副本。

　　(17) 对红副本通道执行"图像+调整+色阶"命令，将输入色阶的三个值依次设置为 15，0.3，230，使更改尺寸后的毛笔字清晰，但要注意保留毛笔字的连笔细节。

　　(18) 单击通道面板底部"将通道作为选区载入"按钮，载入红副本通道的选区。

(19) 对选区进行反向，将毛笔字图像拷贝到剪贴板。

(20) 切换到 T 恤图案设计窗口，将剪贴板内容粘贴到 T 恤图像的图层 3 中。

(21) 将图层 3 中文字按比例缩小为原来的 80%。

(22) 使用自由套索工具圈选"随"字，使用移动工具将其移动到心形图案内左侧靠上的位置。

(23) 使用自由套索工具圈选"意"字，将其按比例放大为原来的 130%，然后使用移动工具将其移动到心形图案内右侧靠上的位置。

(24) 保存图案设计效果。

2. 制作文化衫效果图

(1) 打开素材"13-T 恤"。

(2) 使用选区工具，如磁性套索，创建体恤选区，保存为"T 恤"通道。

(3) 切换到图案设计窗口，关闭背景层和图层 2 显示，使用 Ctrl+Alt+Shift+E 组合键盖印可见层。

(4) 全选图像，将图案拷贝到剪贴板。

(5) 切换到 13-T 恤图像，将剪贴板内容粘贴到 T 恤图像的图层 1 中。

(6) 确保选中图层 1 作为当前图层，使用 Ctrl+T 组合键自由变换心形图案，使之大小适合作为图像窗口中右边 T 恤的图案。

(7) 将图层 1 拖曳到图层面板底部的"创建新图层"按钮，复制得到"图层 1 副本"。

(8) 使用移动工具将副本层的图案移动到 13-T 恤图像窗口中左边 T 恤的位置。

(9) 对副本层的图案进行变形，使之适合作为左边 T 恤上的图案。

(10) 更改盖印图层和副本图层的图层混合模式为"正片叠底"，以确保创建的图案能与背景 T 恤自然融合。

这时得到的文化衫是白底黑字的效果，若要更改文化衫颜色，可执行下列操作：

(1) 在"13-T 恤"图像窗口中载入 Alpha 1 通道得到 T 恤选区。

(2) 单击图层面板底部的"创建新的填充或调整图层"按钮，为 T 恤创建一个通道混合器调整层，即可获得不同颜色文化衫效果。

示例"文化衫.psd"效果图中是将输入通道设置为蓝通道，红色 0%，绿色-83%，蓝色 +100%，常数-50%后得到的效果图。

13.3 科技节海报设计

视频 13-3 科技节海报设计

科技节海报并没有特定的设计风格，但都应该结合科技节的每一期内容来组合画面，通过或简洁或繁复，或抽象或具体的构图元素来体现科技节的主题。本案例中的宣传海报所展示的是一幅抽象而生动的效果。具体操作步骤如下：

(1) 新建图像文件"海报.psd"，设置宽度为 76 cm，高度为 100 cm，分辨率 300 像素/英寸，颜色模式为 RGB，位深为 8 位，背景内容设置为透明。

(2) 将系统前景色设置为蓝色(R:1，G:45，B:90)，使用 Alt+Del 组合键以该前景色填充图层 1。

(3) 新建图层 2，打开标尺，使用参考线标记出坐标为 38 cm × 38 cm 的位置。

(4) 使用椭圆选框工具，以标记点为圆心创建一个半径为 30 cm 的正圆形标准选区。

(5) 按键盘 D 键，将系统前景色背景色恢复成前黑后白的状态。

(6) 执行"滤镜"菜单的子菜单"渲染"中的"云彩"命令，再执行"滤镜"菜单的子菜单"渲染"中的"纤维"命令分别设置差异和强度为 16 和 3，获得眼珠的线条纹理。

(7) 复制图层 2 为图层 2 副本，将图层 2 副本图像放大为原来的 600%。

(8) 按住 Ctrl 键单击图层面板中图层 2 缩略图，载入图层 2 的正圆选区后，使用 Ctrl+J 组合键复制图层 2 副本的选区内像素群为新图层，重命名为"眼球"。

(9) 从图层面板中删除图层 2 和图层 2 副本层。

(10) 设置当前图层为眼球层，按住 Ctrl 键单击图层面板中眼球层缩略图，载入选区。

(11) 执行"滤镜+扭曲+挤压"命令，数量设置为最大值以获得眼珠的基本纹理(若执行一次滤镜不能获得射线效果，可以再次执行挤压命令)。

(12) 复制眼球层为眼球副本，将副本层图像旋转 90°，层的颜色混合模式设置为变亮。

(13) 选中眼球副本层，按下 Ctrl+E 组合键，使之与下方的眼球层执行向下合并。

(14) 再次复制"眼球"层为眼球副本，将副本层图像旋转 90°，层的颜色混合模式设置为柔光，强化并使得眼球中线条更均匀细致。

(15) 合并眼球层与副本层，对眼球层中图像进行反相。

(16) 使用图层面板为眼球创建调整层，将眼球颜色调整为蓝色(中间调设置为−100，0，100；高光设置为 0，0，100)。

(17) 新建图层 2，以参考线交点为圆心创建一个半径为 8 cm 的正圆形标准选区，填充选区为黑色。

(18) 对图层 2 设置图层样式阴影：不透明度 80%，距离 0，扩展 50，大小 200。

(19) 选择眼球层，设置图层样式内阴影：不透明度 95%，距离 1500，阻塞 0，大小 180。再次设置眼球层的图层样式内发光：混合模式为正片叠底，发光颜色为黑色，不透明度 90%，阻塞 15，大小 200。

(20) 新建图层 3，按住 Ctrl 键单击图层面板中眼球层缩略图载入眼球选区。

(21) 执行"选择"菜单的子菜单"修改"中的"收缩"，将选区收缩 50 个像素。

(22) 选择渐变工具，从渐变列表中选择"前景色到透明渐变"，并编辑该渐变中两个色标均为白色(R：255，G：255，B：255)，选择径向渐变，模式为正常，不透明度为 100%，勾选中透明区域复选项。

(23) 从画布的左上角到参考线交点拖出一个渐变，得到眼球表面反光效果。

(24) 选中橡皮擦工具，设置不透明度为 5%～8%，对表示眼球表面反光效果的白色透明薄膜进行编辑，使反光效果贴近真实效果。

(25) 新建图层 4，使用椭圆选框工具创建一个 400 px × 600 px 大小的选区，填充白色。

(26) 取消选区，执行"滤镜"菜单的子菜单"模糊"中的"高斯模糊"命令，半径为 100。

(27) 使用移动工具，移动白色点到眼球反光区的高光位置。

(28) 将图层 1 以外的所有图层合并为一个"眼球"层，关闭层显示效果。

(29) 选择形状工具中的矩形工具，按住 Alt 键和 Shift 键，以参考线交点为中心创建正方形路径(左侧路径位于 5 cm 位置)。

(30) 选择横排文字工具，设置字体为 "Times New Roman"，字号 60 点，在字符面板中设置字符的垂直缩放为 160%，随机沿路径输入 01 串，使用字符面板根据需要调整 01 串。

(31) 栅格化文字层，重命名为 "文字"。

(32) 载入文字选区，进行变换：缩小文字为原来的 90%，旋转 45°。

(33) 同时按住 Ctrl+Alt+Shift+T 组合键，在复制全部文字的同时再次执行刚刚执行过的变换，多次执行 Ctrl+Alt+Shift+T 组合键，得到交叉视觉效果的文字群。

(34) 载入文字群选区，设置系统前景蓝色(0，0，255)背景白色状态(255，255，255)，对选区执行 "滤镜" 菜单的子菜单 "渲染" 中的 "云彩" 命令。

(35) 将文字层的混合模式设置为滤色，关闭文字层显示效果。

(36) 新建图层 2，填充白色，重命名为 "底色" 层。

(37) 选择形状工具中的椭圆工具，按住 Alt 键以参考线交点为中心创建椭圆形路径(路径与画布边界距离最好只保留刚够输入文字)。

(38) 选择横排文字工具，设置字体为 Elephant，字号 60 点，随机沿路径输入 01 串，使用字符面板根据需要调整 01 串。

(39) 栅格化文字层，重命名为 "文字 2"。

(40) 载入文字选区，进行变换：缩小文字为原来的 90%。

(41) 同时按住 Ctrl+Alt+Shift+T 组合键，在复制全部文字的同时再次执行刚刚执行过的变换，多次执行 Ctrl+Alt+Shift+T 组合键，得到透视效果的文字群。

(42) 载入文字群选区，填充黑色。

(43) 新建图层 2，选择矩形选框工具，在画布顶部创建一个高为 20 cm 的矩形选区，填充蓝色。

(44) 将选区向下移动 36 cm，再次填充选区为蓝色。

(45) 取消选区，执行 "滤镜" 菜单的子菜单 "扭曲" 中的 "旋转扭曲" 命令，角度设置为最大值。

(46) 添加图层 2 的样式效果，设置投影距离 100，扩展 30，大小 85。

(47) 将图层 2 的混合模式设置为 "滤色" 模式。

(48) 将 "底色"、"文字 2" 和 "图层 2" 合并为 "文字 2" 层。

(49) 打开文字层、眼球层的显示效果。

(50) 将文字 2 层混合模式设置为正片叠底。

(51) 复制文字层为文字副本层，将副本层模式设置为滤色，将文字层模式设置为叠加。

(52) 合并文字层和副本层，重命名为 "文字" 层。

(53) 执行 "图像" 菜单的子菜单 "调整" 中的 "曲线" 命令，调整曲线向直方图中像素轮廓靠近，加强文字对比。

(54) 将眼球层不透明度设置为 70%，复制眼球层为眼球副本、眼球副本 2。

(55) 选择眼球副本层，执行自由变换，按住 Alt+Shift 组合键，缩小眼球为原来的 30%。

(56) 选择眼球层，按 Ctrl+Shift+T 组合键两次，缩小眼球为眼球副本大小的 30%。

(57) 选择眼球副本 2 层，添加图层蒙版，使用黑色硬度为 0% 的画笔在蒙版上涂抹，将眼球黑色区域内的像素隐藏。

(58) 选择眼球副本层，添加图层蒙版，使用黑色硬度为 0%的画笔在蒙版上涂抹，将眼球黑色区域内的像素隐藏。

(59) 载入眼球副本 2 层的眼球选区，在眼球副本 2 层上增加"色相/饱和度"调整层，设置色相为-15，饱和度 40，明度-10。

(60) 选择横排文字蒙版工具输入文字"第五届科技节"(华文隶书，字号 210)，换行后继续输入文字"系列讲座"(华文隶书，字号 160)，继续输入文字"之"(华文行楷，字号 260)，再次换行，继续输入文字"计算机视觉"(华文隶书，字号 225)，确定文字选区的创建。

(61) 新建图层文字 3，选择渐变工具，从渐变列表中选择"橙、黄、橙渐变"，选择线性渐变，模式为正常，不透明度为 100%，从选区左上角向右下角拖出渐变。

(62) 将文字 3 层的不透明度设置为 80%，复制文字 3 为文字 3 副本。

(63) 为文字 3 副本添加图层样式，投影(距离 5，扩展 0，大小 5)，内阴影(距离 5，阻塞 0，大小 5)，斜面和浮雕(样式为内斜面，大小为 5)。

(64) 将文字 3 副本层混合模式设置为正片叠底。

(65) 选择横排文字蒙版工具输入文字"2017.4.15 晚 7:00-9:00"(Times New Roman，字号 150)，换行后继续输入文字"地点：图书馆 1 楼报告厅"(宋体，字号 150)，确定文字选区的创建。

(66) 新建图层"时间地点"，填充选区为白色。

(67) 为时间地点层添加图层样式，外发光(混合模式为滤色，发光颜色为 R:234，G:232，B:184，方法为柔和，扩展 0，大小 5)，光泽(混合模式为正片叠底，光泽颜色为 R:253，G:244，B:4，不透明度 50%，角度 19°，距离 184，大小 51，等高线选择双环型)。

(68) 打开"13-二维码"素材图，将其拖动到"海报"图像窗口中合适位置，根据情况进行自由变换(注意保持长宽比)，重命名图层为"二维码"层。

(69) 使用魔棒工具选择二维码中的黑色区域，清除，只保留白色二维码效果。

(70) 选择横排文字工具输入文字"2017.4.15 晚 7:00-9:00"(宋体，字号 60)。

(71) 使用移动工具将文字移动到二维码下方。

(72) 保存"海报"效果图，完成设计。

参 考 文 献

[1]　Adobe 专家委员会 DDC 传媒. Adobe Photoshop CS5 标准培训教材. 北京：人民邮电出版社，2010.

[2]　郭建校，孟兴，赵芳，等. Photoshop CS4 中文版基础与实例教程. 北京：机械工业出版社，2011.

[3]　沈洪，朱军，施明利，等. Photoshop 图像编辑与处理. 北京：机械工业出版社，2011.

[4]　张凡. Photoshop CS4 中文版实用教程. 北京：机械工业出版社，2011.

[5]　李金明，李金荣. Photoshop CS4 完全自学教程. 北京：人民邮电出版社，2012.

[6]　王红蕾，常京丽，曹天佑. Photoshop 学习掌中宝教程. 北京：电子工业出版社，2012.

[7]　李显进，赵云. 中文版 Photoshop CS4 从入门到精通. 北京：清华大学出版社，2012.

[8]　张凡，郭开鹤. Photoshop CS5 基础与实例教程. 北京：机械工业出版社，2013.